自然地理学综合实验指导书

（商洛学院教材建设基金资助）

主　编　李晓刚
参　编　赵　培　刘　燕

图书在版编目(CIP)数据

自然地理学综合实验指导书/李晓刚主编. —西安:西安交通大学出版社,2016.4(2023.8 重印)
ISBN 978-7-5605-6298-8

Ⅰ.①自… Ⅱ.①李… Ⅲ.①自然地理学-实验-高等学校-教学参考资料 Ⅳ.①P9-33

中国版本图书馆 CIP 数据核字(2016)第 092246 号

书　　名 自然地理学综合实验指导书
主　　编 李晓刚
责任编辑 王建洪

出版发行 西安交通大学出版社
(西安市兴庆南路 1 号　邮政编码 710048)
网　　址 http://www.xjtupress.com
电　　话 (029)82668357　82667874(市场营销中心)
(029)82668315(总编办)
传　　真 (029)82668280
印　　刷 西安日报社印务中心

开　　本 787mm×1092mm　1/16　**印张** 9.625　**字数** 231 千字
版次印次 2016 年 7 月第 1 版　2023 年 8 月第 3 次印刷
书　　号 ISBN 978-7-5605-6298-8
定　　价 29.80 元

如发现印装质量问题,请与本社市场营销中心联系。
订购热线:(029)82665248　(029)82667874
投稿热线:(029)82668133
读者信箱:xj_rwjg@126.com

前言

“应用型”是地方本科院校在新形势下确立的最佳发展路径，作为传统师范类专业之一的地理科学如何响应教育部与学校号召来开展应用型的教学与实践，成为地方本科院校地理科学专业内涵式发展的一个重大难题。自然地理学是地理学知识体系中最关键、最基础的组成部分，包括地质地貌学、水文气候学、土壤地理学、植物地理学等部门要素。加大实践教学比例、培养学生动手操作能力是教育部《现代职业教育体系建设规划(2014—2020 年)》的要义所在。

本教材以自然地理学中最基础的实验为中心，满足学生课堂实验需要；另外增加了部分设计性、综合性实验，供学生在大学生创新创业训练项目、毕业论文中参考。教材共分为七章内容：地质学实验、地貌学实验、气象学实验、水文学实验、土壤学实验、植物学实验和环境学实验；此外，还补充了六个附录作为参考。

本教材得到了商洛学院教材建设基金资助，张孝存教授对教材的框架给予了整体性指导，赵培副教授对教材中的实验项目选择进行了多次深入讨论，刘燕老师对教材书稿进行了两次校对，在此表示衷心感谢！感谢所有关心和支持本教材的人们！

由于编者学识有限，书中难免存在不足之处，敬请广大师生和读者批评指正。

编　者

2016 年 3 月

目录

第一章 地质学实验

矿物岩石是自然地理环境基本圈层——岩石圈的主要组成物质，地质构造是地壳的物质能量运动的结果和表现，它们都是自然地理学的基础。对各种矿物或岩石的特征，光看书本是不明白和记不牢的，只有当你看到标本并做些简单的鉴定试验之后，才能认识和掌握牢固这些知识。所以，必须重视实验课，认真观察，深入分析，反复实践，以提高对自然地理环境基础——地质知识的理解和分析能力。

实验一　矿物的形态观察及其鉴定意义

(一)实验目的

(1)熟悉常见矿物的各种形态特征及其描述方法；

(2)了解矿物单体的形态、聚合体的形态、单形、聚形、双晶的含义及其在矿物鉴定上的意义。

(二)实验要求

(1)在教师指导下观察矿物单体的形态和矿物聚合体的形态，为肉眼认识常见矿物打下基础；

(2)按照实习报告表的要求，鉴定和描述一些常见矿物的形态。

(三)实验内容

1.单体形态

根据单个晶体三度空间相对发育的比例不同，可将晶体形态特征分为一向延伸晶体、二向延展晶体和三向等长晶体三种。

(1)一向延伸晶体。

柱状——石英(水晶)、角闪石；毛发状(针状)——石棉。

(2)二向延展晶体。

片状——云母、绿泥石；厚板状——重晶石。

(3)三向等长晶体。

粒状——石榴子石、黄铁矿、橄榄石、方铅矿。

(4)熟悉常见的单形和聚形(见图 1-1)。

2.集合体形态

(1)显晶质集合体。

柱状集合体——普通角闪石、电气石、红柱石；

纤维状集合体——石膏、石棉；

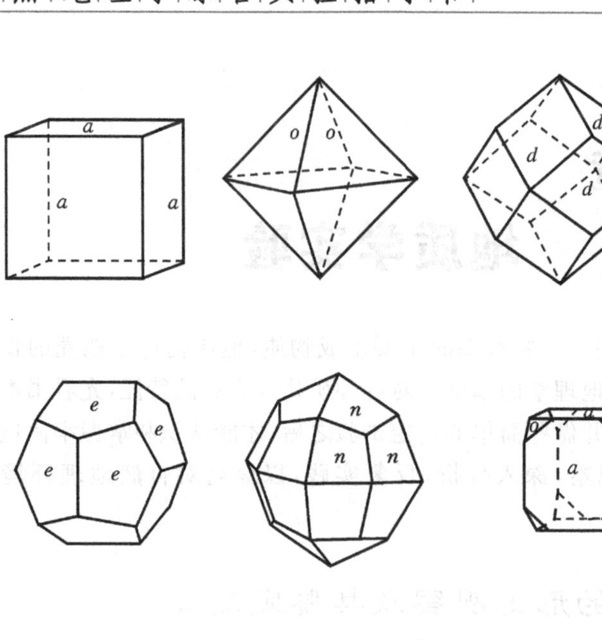
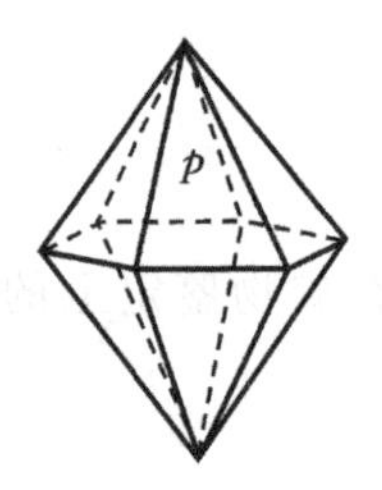
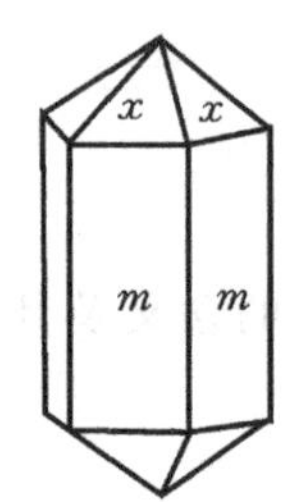
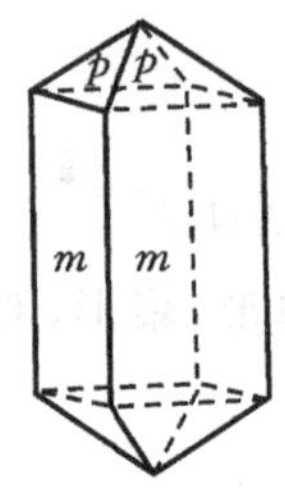
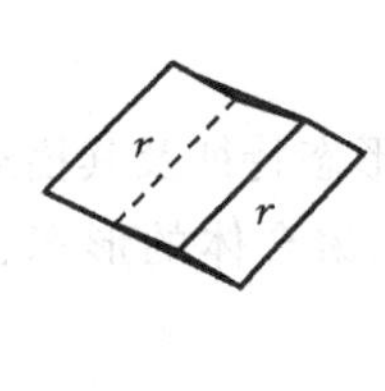

图1-1　常见的单形和聚形图

片状集合体——云母、镜铁矿；

粒状集合体——橄榄石、石榴子石；

晶簇——石英晶簇、方解石晶簇。

(2)隐晶质及胶态集合体。

结核状——钙质结核、黄铁矿结核；

鲕状及豆状——赤铁矿；

钟乳状——钟乳(方解石)石；

土状——高岭土。

(四)实验作业

(1)观察矿物晶体标本：水晶、水晶晶簇、电气石、白云母、石盐、黄铁矿晶簇、石榴子石、镜铁矿、层解石、鲕状赤铁矿、黄玉、空晶石、绿帘石、雌黄、萤石、透石膏、纤维石膏、毒砂、天青石、磷灰石、符山石、自然铜、石膏晶体、绿柱石、玛瑙、橄榄石、辰砂、辉锑矿、硅灰石、孔雀石。

(2)按实验报告表要求观察并描述10种矿物的形态。

实验一　矿物形态的观察与描述

学号：________　　姓名：__________　　日期：__________　　成绩：________

标本编号	矿物名称	显晶或隐晶集合体	单体形态	集合体形态

实验二　观察矿物的物理性质

(一)实验目的

(1)学会观察描述矿物的颜色、条痕、光泽、透明度等光学性质的方法，了解矿物各种光学性质之间的相互关系；

(2)学会肉眼观察描述矿物解理、断口、硬度、密度、电性、磁性及味道等力学性质和其他性质。

(二)实验要求

(1)在教师指导下观察矿物的各种物理性质，为肉眼认识常见矿物打下基础；

(2)按照实习报告表的要求，鉴定和描述一些常见矿物的物理性质特征；

(3)认识色度计和硬度计。

(三)实验内容

1. *矿物的光学性质*

(1)颜色。

①描述颜色的方法。通常描述颜色的方法有两种：

A. 标准色谱法。此种方法是按红、橙、黄、绿、蓝、靛、紫标准色或白、灰、黑等对矿物的颜色进行描述。若矿物为标准色中的某一种，则直接用其描述，如蓝铜矿为蓝色、辰砂为红色；若矿物不具某一标准色，则以接近标准色中的某一种颜色为主体，用两种颜色进行描述，并把主体颜色放在后面。例如绿帘石为黄绿色，说明此矿物是以绿色为主，黄色为次。

B. 实物对比法。把矿物的颜色与常见实物颜色相比进行描述。例如，块状石英呈乳白色，正长石为肉红色，黄铜矿为铜黄色等。

②观察矿物比色标本。

③注意要点。描述矿物颜色时，应以新鲜干燥矿物为准，如果矿物表面遭受风化而使颜色发生了变化时，则需刮去风化表面后再进行观察描述。

④颜色的分类及定义。根据颜色产生的机理不同可分为自色、他色、假色。

A. 自色：矿物本身的成分和晶体结构所决定的颜色，一般较为固定，具有重要的鉴定意义。观察以下矿物的自色。

黄铜矿(Cu_2FeS_2)——铜黄色　　辰砂(HgS)——红色

孔雀石($CuCO_3$)($OH)_2$——绿色　　磁铁矿(Fe_3O_4)——铁黑色

雌黄(As_2S_3)——黄色　　蓝铜矿($Cu_3(CO_3)_2(OH)_2$)——蓝色

黝铜矿($Cu_{12}Sb_4S_{13}$)——钢灰色　　毒砂(FeAsS)——锡白色

B. 他色：由外来的带色物质和包裹体所引起的颜色，与矿物本身的成分和构造无关，易变，无鉴定意义。

紫水晶(SiO_2)——紫色　　蔷薇石英(SiO_2)——玫瑰色

墨晶(SiO_2)——黑色　　烟水晶(SiO_2)——褐色

C. 假色：由矿物的解理、内部的裂隙及矿物表面的被膜等引起光波的干涉作用所产生的颜色。

斑铜矿(Cu_5FeS_4)——锖色(紫色彩晕)　　云母、重晶石——晕色

(2)条痕。

条痕是指矿物粉末的颜色,一般是指矿物在白色釉瓷板上擦划所留下的痕迹的颜色。条痕色可能深于、等于或浅于矿物的自色,比表面颜色更为稳定。条痕色对不透明的金属、半金属光泽矿物的鉴定很重要,而对透明、玻璃光泽矿物来说,意义不大,因为它们的条痕都是白色或近于白色。

①条痕色的描述方法与颜色相似。

②擦划条痕时,用力要均匀。

③观察测试的矿物应选新鲜标本。例如,可观察红褐色、铜灰色和铁黑色三种赤铁矿的条痕色均为樱桃红色。

(3)光泽。

光泽指矿物表面反射光的强度,可将矿物的光泽分为金属光泽(如方铅矿、黄铁矿等)、半金属光泽(如磁铁矿、镜铁矿等)、非金属光泽(如锡石、闪锌矿、宝石等的金刚光泽;萤石、方解石等的玻璃光泽;自然硫、石英、闪锌矿断口上的油脂或树脂光泽)三类。

①观察矿物光泽标准标本。

②非金属光泽中,由于矿物表面不平整或在某些集合体表面会产生特殊的变异光泽。注意观察油脂光泽、丝绢光泽、珍珠光泽、土状光泽等。

③注意要点:观察矿物光泽时,一定要在新鲜面上观察,主要观察晶面和解理面上的光泽。

(4)透明度。

矿物透明度是指矿物透过光线的程度,一般是以矿物厚度 0.03mm 的薄片为准。透明度分为透明(如水晶)、半透明(如浅色闪锌矿薄片)和不透明(如磁铁矿、石墨等)三级。

观察描述矿物光学性质时,一定要注意掌握颜色、条痕、光泽和透明度四者之间的关系。金属光泽的矿物,其颜色一定为金属色,条痕为黑色或金属色,不透明;半金属光泽的矿物颜色为金属色或彩色,条痕呈深彩色或黑色,不透明至半透明;非金属光泽的矿物颜色为各种彩色或白色,条痕呈浅彩色到白色,半透明至透明。

2. 矿物的力学性质

(1)解理。

解理是矿物的重要鉴定特征之一。解理按其发育程度分为极完全解理(解理面大而光滑,能分裂成极薄的层片,如云母、辉钼矿)、完全解理(面平,易沿解理面分裂成小块,如方解石、方铅矿)、中等解理(在碎块中可以见到解理面,如长石、角闪石)、不完全解理(在碎块中也很难见到矿物解理面,如磷灰石)和极不完全解理(无解理,如石英)五级。

①观察解理等级。根据解理面的完好和光滑程度以及大小,确定其解理等级。注意观察白云母、方解石、普通角闪石、磷灰石、石英的解理发育情况。

②观察解理组数。矿物中相互平行的一系列解理面称为一组解理。注意观察云母、正长石、方解石、萤石的解理组数。

③观察解理面间的夹角。两组及两组以上的解理,其相邻两解理面间的夹角亦是鉴定矿物的标志之一。注意观察正长石、辉石、角闪石、萤石的解理夹角。

④注意要点:肉眼观察矿物的解理只能在显晶质矿物中进行。确定解理组数和解理夹角必须在一个矿物单体上观察。

(2)断口。

根据矿物受力后不规则裂开的形态,断口可分为贝壳状断口、参差状断口、土状断口、锯齿状断口等类型。观察石英、黄铁矿、高岭土的断口,并确定其类型。

(3)硬度。

硬度是指矿物抵抗外来的机械作用的能力。

矿物的相对硬度是通过以摩氏硬度计为标准进行比较而确定的,从而了解不同硬度的矿物。观察摩氏硬度计(见表1-1)。

表1-1 摩氏硬度计

硬度级别	1	2	3	4	5	6	7	8	9	10
矿物	滑石	石膏	方解石	萤石	磷灰石	正长石	石英	黄玉	刚玉	金刚石

野外工作中为了方便,常采用指甲(硬度为2.5±)、小钢刀(硬度为5.5±)、玻璃(硬度为6±)等作为标准测定相对硬度。

注意要点:刻划矿物时用力要均匀。测试矿物时须选择新鲜面,并尽可能选择矿物的单体。

3.*矿物的其他性质*

(1)矿物的其他物理性质包括:相对密度、磁性、导电性、发光性、放射性、延展性、脆性、弹性和挠性等。

(2)矿物的比重一般分轻(<3.5,如石英、方解石等),中(3.5~6,如黄铁矿、赤铁矿等)、重(>6,如方铅矿,辰砂等)三级,自然界常见中等密度大小的矿物,只有相对密度大或小(轻或重)的矿物才有鉴定意义。

(3)并非大多数矿物都能表现出很典型的上述物理性质。

注意观察:磁铁矿的磁性、磷铁矿的发光性、自然金的延展性、云母的弹性等。

(四)实验作业

(1)鉴定和描述方铅矿、闪锌矿、黄铜矿、黄铁矿、褐铁矿、磁铁矿、石英、方解石等8种常见矿物的物理性质,并将结果填入实验报告表中。

(2)观察标准矿物比色标本、光泽标本、透明度标本、解理标本及摩氏硬度计标本。

实验二 矿物形态的观察与描述

学号：________ 姓名：__________ 日期：__________ 成绩：________

标本号	矿物名称	形态	光学性质				力学性质				其他性质
			颜色	条痕	光泽	透明度	解理	断口	硬度	密度	

实验三　常见岩浆岩的肉眼观察与鉴定

(一)实验目的

(1)初步掌握岩浆岩的一般特征；

(2)认识和熟悉几种典型的岩浆岩的分类描述和肉眼鉴定。

(二)实验要求

(1)在老师指导下了解识别岩浆岩的一般方法,认识其矿物成分、结构、构造特点及与岩浆性质、形成条件之间的关系；

(2)认真观察几种常见的岩浆岩,将观察结果填写在实习报告中。

(三)实验内容

岩浆岩的手标本在肉眼鉴定时需要观察描述的内容包括岩石的颜色、组构和矿物成分,最后予以定名。其具体内容和注意事项如下：

1.颜色

岩石的颜色是指组成岩石的矿物颜色之总和,而非某一种或几种矿物的颜色。如灰白色的岩石,可能是由长石、石英和少量暗色矿物(黑云母、角闪石等)等形成的总体色调。因此,观察颜色时,宜先远观其总体色调,然后用适当颜色形容之。

岩浆岩的颜色也可根据暗色矿物的百分含量,即“色率”来描述。按色率可将岩浆岩划分为：

①暗(深)色岩,色率为60～100,相当于黑色、灰黑色、绿色等；

②中色岩,色率为30～60,相当于褐灰色、红褐色、灰色等；

③浅色岩,色率为0～30,相当于白色、灰白色、肉红色等。

反过来,我们亦可根据色率大致推断暗色矿物的百分含量,从而推知岩浆岩所属的大类(酸、中、基性)。这种方法对结晶质,尤以隐晶质的岩石特别有用。

2.结构构造

岩浆岩按结晶程度分为结晶质结构和非晶质(玻璃质)结构。按颗粒绝对大小又可分为粗(＞5mm)、中(1～5mm)、细粒(0.1～1mm)结构,以及微晶、隐晶等结构。其中特别应注意微晶、隐晶和玻璃质结构的区别。微晶结构用肉眼(包括放大镜)可看出矿物的颗粒,而隐晶质和玻璃质结构,则用肉眼(包括放大镜)看不出任何颗粒来,但两者可用断口的特点相区别。隐晶质的断口粗糙,参差状断口;玻璃质结构的断口平整,常具贝壳状断口。按岩石组成矿物颗粒的相对大小又可分为等粒、不等粒、斑状和似斑状等结构(见图1-2)。因此,观察描述结构时,应注意矿物的结晶程度、颗粒的绝对大小和相对大小等特点。

左上:等粒结构;左下:斑状结构;
右上:不等粒结构;右下:似斑状结构

图1-2　岩石结构

岩浆岩常见的构造为块状构造,其次为气孔、杏仁和流纹状构造等。

3. **矿物成分**

对于显晶质结构的岩石，应注意观察描述各种矿物，
特别是主要矿物的颜色、晶形、解理、光泽、断口等特征，并目估其含量(注意每种矿物应选择其最特征的性质进行描述)。尤其注意以下几方面：

(1)观察有无长石，若有则应鉴定长石的种类，并分别目估其含量。

(2)观察有无石英、橄榄石的出现。若有石英出现，则为酸性岩；若有橄榄石出现，则为超基性和基性岩。

(3)鉴定暗色矿物的成分，并目估其含量。特别注意辉石和角闪石，以及它们和黑云母的区别。

(4)对具斑状结构或似斑状结构的岩石，则应分别描述斑晶和基质的成分和特点、含量。基质若为隐晶质则可用色率和斑晶推断其成分；若为玻璃质则只能用斑晶来推断其成分。

4. **岩浆岩分类及鲍温反应系列**

(1)岩浆岩分类。主要岩浆岩分类见表 1-2。

表 1-2　主要岩浆岩分类表

<table>
<tr><td colspan="5">岩石类型</td><td>超基性岩类</td><td>基性岩类</td><td>中性
岩类</td><td>中碱性
岩类</td><td>酸性岩类</td></tr>
<tr><td colspan="5">石英含量</td><td>无</td><td>无或很少</td><td><5%</td><td>较少</td><td>>20%</td></tr>
<tr><td colspan="5">主要矿物</td><td>橄榄石+
辉石>90%
角闪石</td><td>基性斜长石
辉石</td><td>中性斜
长石角
闪石</td><td>钾长石
角闪石</td><td>正长石
酸性斜
长石</td></tr>
<tr><td colspan="5">产状
构造
结构
次要矿物</td><td>黑云母</td><td>橄榄石
角闪石
黑云母</td><td colspan="2">黑云母
石英</td><td>黑云母为
主角闪石
次之</td></tr>
<tr><td colspan="2" rowspan="2">喷
出
岩</td><td>火山锥</td><td>状状、
气孔状</td><td>玻璃质</td><td>少见</td><td>浮岩</td><td colspan="3">黑曜岩</td></tr>
<tr><td>熔岩流</td><td>致密块状、
气孔状、
杏仁状、
流纹状</td><td>隐形质
斑状</td><td>少见</td><td>玄武岩</td><td>安山岩</td><td>粗面岩</td><td>流纹岩</td></tr>
<tr><td rowspan="2">侵
入
岩</td><td>浅
成</td><td>岩床
岩盘
岩墙</td><td>块状</td><td>等粒、
斑状</td><td>少见</td><td>辉绿岩</td><td>闪长玢岩</td><td>正长斑岩</td><td>花岗斑岩</td></tr>
<tr><td>深
成</td><td>岩基
岩柱</td><td>块状</td><td>等粒状</td><td>橄榄岩</td><td>辉长岩</td><td>闪长岩</td><td>正长岩</td><td>花岗岩</td></tr>
</table>

(2)鲍温反应系列简图(见图1-3)。

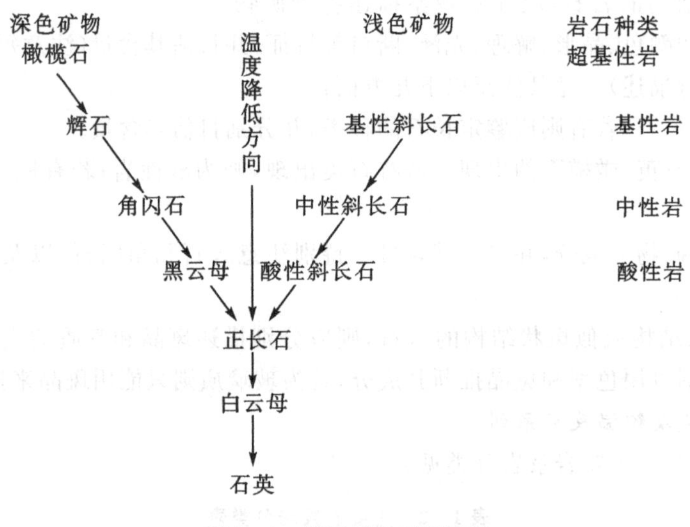

图1-3　鲍温反应系列简图

5.岩石的命名

岩浆岩的命名一般为“颜色+结构+(构造)+基本名称”,如肉红色粗粒花岗岩。喷出岩有时仅用“(颜色)+构造+基本名称”,如气孔状玄武岩。

6.常见岩浆岩的一般特征

(1)流纹岩。基质隐晶质,通常有石英、钾长石斑晶散布其间(钾长石常呈轮廓矩形,无色透明;解理面明显并现珍珠光泽的结晶颗粒);颜色各不相同,多浅黄、肉红、浅棕色,并有流动纹。

(2)安山岩。通常是具斑状结构的隐晶质岩石,不含石英。最常见的斑晶是斜长石,但也有黑云母、角闪石或辉石出现。安山岩也多呈熔岩状产出。安山岩的颜色从白到黑都有,但以紫、灰、绿色较常见。

(3)玄武岩。黑色至深灰色隐晶质岩石。斑晶常为基性斜长石,常见气孔、杏仁构造。

(4)花岗岩。粒状结构,长石和石英为主要组成成分,因此一般是浅色的。花岗岩中含有的铁镁矿物是黑云母和角闪石。

(5)闪长岩。闪长岩是全晶质等粒结构的深成侵入岩。其主要成分为斜长石,少量的铁镁矿物主要是角闪石、黑云母和一些辉石。

(6)辉长岩。全晶质粒状结构的岩石,主要矿物成分为斜长石和辉石,还可有橄榄石等其他深色矿物。肉眼观察时,深色矿物含量超过斜长石的,即可确定为辉长岩。

(四)实验作业

鉴定、描述以下常见的岩浆岩,并将结果填入实习报告:橄榄岩、辉石岩、角闪岩、金伯利岩、斜长岩、辉长岩、辉绿岩、玄武岩、气孔状玄武岩、熔岩、浮岩、闪长岩、闪长玢岩、安山岩、花岗闪长岩、花岗岩、碱性花岗岩、斜长花岗岩、斑状花岗岩、流纹岩、珍珠岩、黑曜岩、正长斑岩、粗面岩、伟晶岩、细晶岩、煌斑岩。

实验三 常见岩浆岩观察与鉴定实验报告

学号:________ 姓名:__________ 日期:__________ 成绩:________

标本编号	岩石名称	颜色	结构	构造	主要矿物成分	综合命名

实验四 常见沉积岩的观察与鉴定

(一)实验目的

(1)初步掌握沉积岩的一般特征;

(2)认识和熟悉几种典型的沉积岩的分类描述和肉眼鉴定。

(二)实验要求

(1)在教师带领下认真观察几种主要沉积岩的特征;

(2)把观察到的现象认真地填写到实习报告表中。

(三)实验内容

1.沉积岩的颜色

沉积岩的颜色是指沉积岩外表的总体颜色,而不是指单个矿物的颜色。沉积岩颜色根据成因可分为原生色和次生色。

沉积岩的颜色命名方法:

(1)沉积岩的颜色比较单一时,命名就比较简单,如灰色、黑色等。

(2)沉积岩的颜色比较复杂时,可采用复合命名,如黄绿色等。

2.沉积岩的成分

沉积岩的成分是指组成沉积岩的物质成分,包括岩石和矿物。

沉积岩中常见的矿物有20多种。各类沉积岩中的矿物成分有较大差别。

(1)碎屑岩由碎屑颗粒(岩石碎屑和矿物碎屑)和胶结物组成。最主要的矿物碎屑有石英、长石和白云母等;常见的胶结物有碳酸盐、氧化硅、氧化铁和泥质等。

(2)泥质岩主要由黏土矿物(高岭石等)组成。

(3)化学及生物化学岩的矿物成分很多,常见的有铁、铝、锰、硅的氧化物、碳酸盐(方解石、白云石)、硫酸盐(石膏等)、磷酸盐及卤化物等。

(4)火山碎屑岩由火山碎屑(岩石碎屑、火山玻璃碎屑、矿物碎屑)和填隙的火山灰、火山尘组成。

3.沉积岩的结构

沉积岩的结构是指组成沉积岩的物质成分的结晶程度、颗粒大小、形状及其相互关系。

(1)碎屑结构:由各种碎屑物质和胶结物组成。按碎屑颗粒粒径大小可分为:

①砾状结构(粒径:>2mm。巨砾:>256mm;粗砾:64～256mm;中砾:4～64mm;细砾:2～4mm);

②砂状结构(粒径:0.0625～2mm。粗砂:0.5～2mm;中砂:0.25～0.5mm;细砂:0.0625～0.25mm);

③粉砂状结构(粒径:0.0039～0.0625mm)。

(2)泥质结构(<0.0039mm):由各种粘土矿物组成。

(3)粒屑结构:由波浪和流水的作用形成的碳酸盐岩结构,包括:颗粒、泥晶基质、亮晶胶结物和孔隙四部分,如鲕状结构、竹叶状结构等。

(4)晶粒结构:全部由结晶颗粒组成的结构。按晶粒大小可分为:粗晶、中晶、细晶及隐晶。

(5)生物结构:沉积岩中所含生物遗体或碎片达到90%以上。

(6)火山碎屑结构:岩石中火山碎屑物的含量达到90%以上。根据碎屑粒径大小可分为:集块结构、火山角砾结构、凝灰结构。

(7)分选性、磨圆度和成熟度:见图1-4。

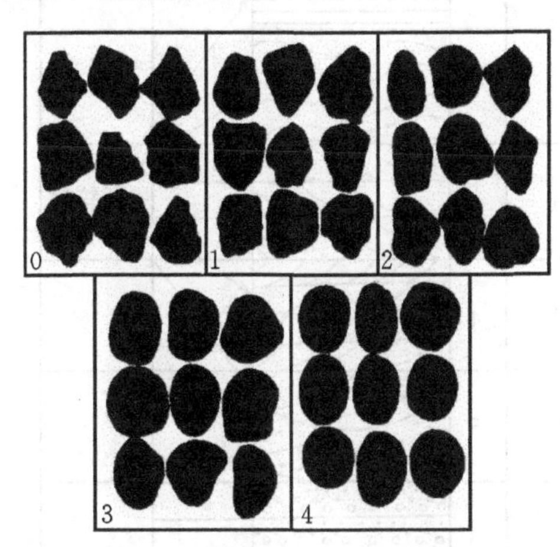

图1-4　碎屑圆度分级

(8)胶结物:用于碎屑岩。

①硅质胶结:硬度大于小刀,加盐酸不起泡。

②铁质胶结:颜色发红、紫或紫红色。

③粘土胶结:土状,在水中能泡软。

④钙质胶结:加盐酸起泡。

4. 沉积岩的构造

沉积岩的构造是指沉积岩中物质成分的空间分布及排列方式。

沉积岩的原生构造:在沉积物沉积及固结成岩过程中所形成的构造,包括层理和层面构造。

(1)层理:是沉积物沉积时形成的成层构造。层理由沉积物的成分、结构、颜色及层的厚度、形状等沿垂向的变化而显示出来。

按层的厚度,层理可分为:①块状层>2m;②厚层0.5～2m;③中层0.1～0.5m;④薄层0.01～0.1m;⑤微层<0.01m。

按细层的形态,层理有以下几种类型(见图1-5):①水平层理;②波状层理;③交错层理;④粒序层理;⑤块状层理。

(2)层面构造:在岩层层面上所出现的各种不平坦的沉积构造的痕迹统称为层面构造。

层面构造主要有:

①波痕:是由于风、流水或波浪等的作用,在砂质沉积物表面所形成的一种波状起伏现象,形似波纹。常见的波痕类型有:对称波痕和不对称波痕。

②泥裂:是未固结的沉积物露出水面,受到暴晒而干涸、收缩所产生的裂缝。

③雨痕和雹痕。

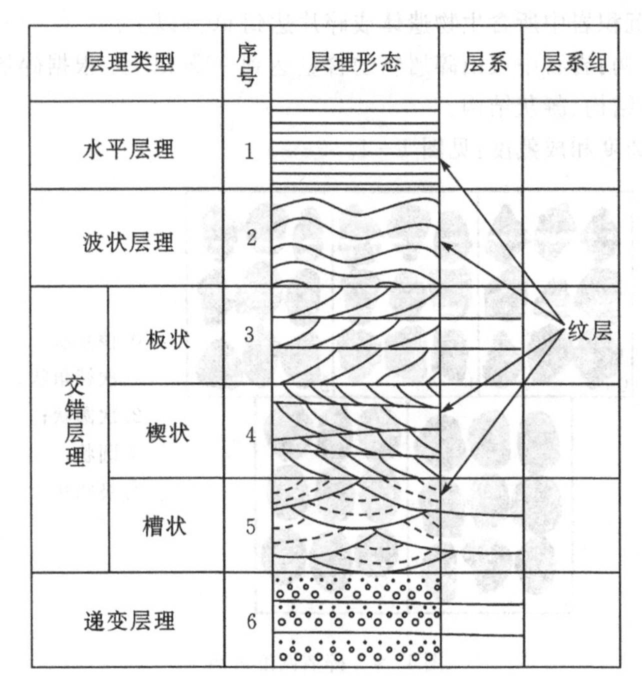

图 1-5　层理的类型

④晶体印模。

(3)结核。结核是一种在成分、结构、颜色等方面与周围岩石有显著差别的矿物集合体，如锰结核等。

5. **沉积岩分类**

沉积岩的分类见表 1-3。

表 1-3　沉积岩分类表

岩类		沉积物质来源	沉积作用	岩石名称
碎屑岩类	陆源碎屑岩亚类	母岩机械破碎碎屑	机械沉积为主	砾岩及角砾岩、砂岩、粉砂岩
		母岩化学分解过程中形成的新生矿物——黏土矿物为主	机械沉积和胶体沉积	泥岩、页岩、黏土
	火山碎屑岩亚类	火山喷发碎屑	机械沉积为主	火山集块岩、火山角砾岩、凝灰岩
化学岩和生物化学岩类		母岩化学分解过程中形成的可溶物质、胶体物质以及生物化学作用产物和生物遗体	化学沉淀和生物遗体堆积	铝、铁、锰质岩，硅、磷质岩，碳酸盐岩，蒸发盐岩，可燃有机岩

(四)实验作业

鉴定、描述以下常见的沉积岩，并将结果填入实验报告中：砾岩、砂岩、火山角砾岩、凝灰岩、泥岩、页岩、石灰岩、鲕粒灰岩、生物灰岩、竹叶状灰岩、白云岩、石灰华、硅华、蒸发岩、油页岩。

实验四 常见沉积岩观察与鉴定实验报告

学号：________ 姓名：__________ 日期：__________ 成绩：__________

岩石类型	颜色	结构	构造	碎屑			胶结物成分	综合命名
				大小	形状（磨圆）	成分		
砾岩								
砂岩								
火山角砾岩								
凝灰岩								

岩石类型	颜色	结构	构造	加盐酸后起泡的情况	硬度	其他特点	矿物成分	综合命名
页岩								
泥岩								
石灰岩								
鲕状灰岩								
铁质岩								
油页岩								

实验五　常见变质岩的肉眼观察与鉴定

(一)实验目的

(1)初步掌握变质岩的一般特征；

(2)认识和熟悉几种典型的变质岩的分类描述和肉眼鉴定。

(二)实验要求

(1)了解观察变质岩的一般方法，掌握其矿物成分、颜色、结构、构造等特征；

(2)认识和观察几种常见的变质岩，将观察结果填写在实习报告表中。

(三)实验内容

变质岩肉眼观察描述的内容、方法与沉积岩、岩浆岩大体相似，包括以下内容：

1. 变质岩的矿物成分

(1)变质矿物。变质作用形成的新矿物称为变质矿物，如红柱石、蓝晶石、石榴子石等。

(2)变质岩中有大量在岩浆岩或沉积岩中普遍存在的一些矿物，如石英、长石等。

2. 变质岩的结构

(1)变晶结构。变晶结构是指原岩经变质过程中的结晶作用而形成的结构。

①变晶结构按变晶粒径的绝对大小可分为：

A. 粗粒变晶结构：>3mm；

B. 中粒变晶结构：1～3mm；

C. 细粒变晶结构：0.1～1mm；

D. 显微变晶结构：<0.1mm。

②变晶结构按变晶的相对大小分：

A. 等粒变晶结构：矿物粒径大致相等；

B. 不等粒变晶结构：矿物粒径不等，大小呈连续变化；

C. 斑状变晶结构：矿物粒径可明显分为大小不同的两群，粗大者称变斑晶。

③变晶结构按变晶的形态可分为：

A. 粒状变晶结构：变晶为粒状物，如石英、长石、方解石等；

B. 鳞片变晶结构：变晶为鳞片状矿物，如云母、绿泥石等；

C. 纤维变晶结构：变晶为长条状、针状、纤维状矿物，如红柱石、硅灰石等。

(2)变余结构。变余结构是指岩石变质程度不深而残留的部分原岩结构，如变余泥质结构、变余砂状结构、变余斑状结构等。

(3)变形结构。变形结构是指动力变质作用形成的一类特殊结构，如碎裂结构和糜棱结构。

3. 变质岩的构造

(1)变余构造。变余构造是指变质岩中残留的原岩的构造。如变余层理构造、变余气孔构造等。

(2)混合岩构造。混合岩构造是指在混合化过程中，由脉体和基体两部分相互作用所形成的构造。常见的有眼球状构造、条带状构造、肠状构造等。

(3)变成构造。变成构造是指变质过程中所形成的构造。变成构造的类型有:板状构造、千枚状构造、片状构造、片麻岩构造、块状构造。

4.变质岩的命名

区域变质岩中具有定向构造的岩石,以定向构造为其基本名称。若肉眼可识别出主要矿物或特征变质矿物时,亦应作为命名内容。一般命名原则可概括为:颜色+(矿物成分)+基本名称,如蓝灰色蓝晶石片岩、角闪石斜长片麻岩、黑云母变质岩等。

5.变质作用类型及变质岩类型

(1)动力变质作用与动力变质岩:构造角砾岩、碎裂岩、糜棱岩。

(2)区域变质作用与区域变质岩:板岩、千枚岩、片岩、片麻岩、石英岩、大理岩。

(3)混合岩化作用与混合岩:混合岩。

(4)接触变质作用与接触变质岩。接触热变质作用:红柱石角岩、大理岩、石英岩;接触交代变质作用:矽卡岩。

(四)实验作业

鉴定、描述以下常见的变质岩,并将结果填入实习报告:红柱石角岩、绿帘石矽卡岩、蛇纹岩、云英岩、蛇纹石化大理岩、糜棱岩、断层角砾岩、灰白色板岩、黑色板岩、千枚岩、绿泥石片岩、角闪石片岩、绿泥石阳起石片岩、十字石片岩、矽线石片岩、白云母片岩、黑云母片岩、黑云母片麻岩、二长片麻岩、黑云母斜长片麻岩、细晶大理岩、粗晶大理岩、红色大理岩、麻粒岩、浅粒岩、眼球状混合岩、肠状混合岩、条带状混合岩、混合花岗岩。

实验五 常见变质岩观察与鉴定实验报告

学号:________ 姓名:________ 日期:________ 成绩:________

标本编号	岩石名称	颜色	结构	构造	主要矿物成分	综合命名

实验六　地质罗盘及GPS的使用

(一)实验目的

认识地质罗盘和常见的手持GPS,学会用地质罗盘仪测定岩层产状要素,并掌握记录产状要素的方法。学会用GPS在野外定点和导航。

(二)地质罗盘的构造

地质罗盘的主要构件有:磁针、顶针、制动器、方位刻度盘、水准气泡、倾斜仪(桃形针)、底盘等。地质罗盘有多种形式,其内容大同小异。它有以下特点:

(1)罗盘安放在长方形底座上,刻度盘上的0～180线(即南北线)平行于底座的长边。

(2)方位刻度0°～360°,按逆时针方向刻制,东、西的位置和实际位置相反。

(3)方位刻度盘的内圈有倾角刻度盘,刻度盘上有与东、西线一致的0°,与南、北线一致的90°。

(4)罗盘上常有简易水平仪,可用以粗略测任一目标的仰角或俯角。

(三)地质罗盘的使用

1.测量方向

用罗盘测量任一目标的方向时,永远以0°(即N方向)对准目标,使水平泡居中,然后读指北针所指的方位刻度盘上的数字,即为所测目标的方位角。

方向记录有2种方法:①角度法,如230°;②象限角法,如NE60°等。

2.在地形图上定点

如果地面有明显标志,很容易在地图上找到所在位置,如果地面附近无明显的标志,可以利用罗盘测定不在同一方位上的两个目标(如房、塔、山顶三角架等),这些目标物一般是画在地图上的方位角。然后在地形图上通过所测的两个目标作出两条方位线,其交点即为所求点的位置。这种方法叫后方交汇法,如果作三条这样方位线还可以校正该点的位置。

3.测量岩层产状要素

(1)测量走向:将罗盘长边与(见图1-6)层面接触,使罗盘水平,此时罗盘长边与岩层的交线即为走向线;指针(两头)所指的度数,即为所求的走向。

(2)测量倾向:将罗盘短边与层面接触,罗盘上0°(即N字)指向岩层的倾斜方向,使罗盘水平。此时指北针所指的度数,即为所求的倾向。

(3)测量倾角:将罗盘的长边垂直走向(或平行最大的倾斜线)并立起放在层面上,此时桃形针在刻度盘上所指的度数,即为所求的倾角。

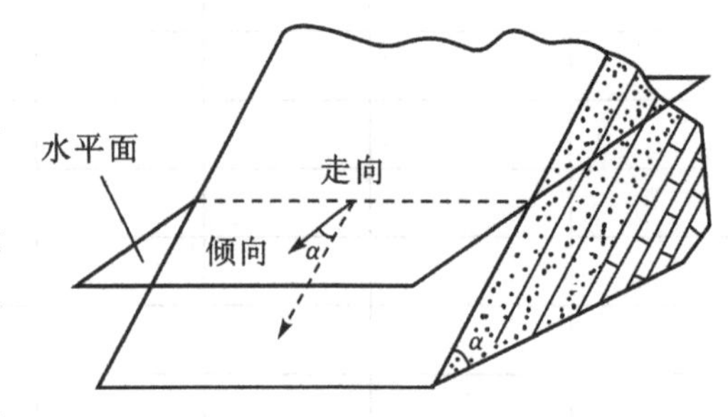

图1-6　岩层的产状要素

走向有两个方向,倾向只有一个方向。倾向与走向的方位角之差为±90°。倾角的变化介于0°～90°之间。如走向235°或NE55°,倾向145°,倾角<35°。在实际工作中,往往只测倾向和倾角就可以了。

4. 其他事项

(1)在图件上岩层产状用符号表示：如├35°(长线代表走向，短线代表倾向，数字代表角度)。

(2)野外测定产状时，一定要先从大处着眼，看好大体总的倾向后才能在局部位置上测量具体数据。注意测量真倾角(见图1-7)。

(3)对于岩石节理、片理、断层等产状要素可用以上方法同样测量。

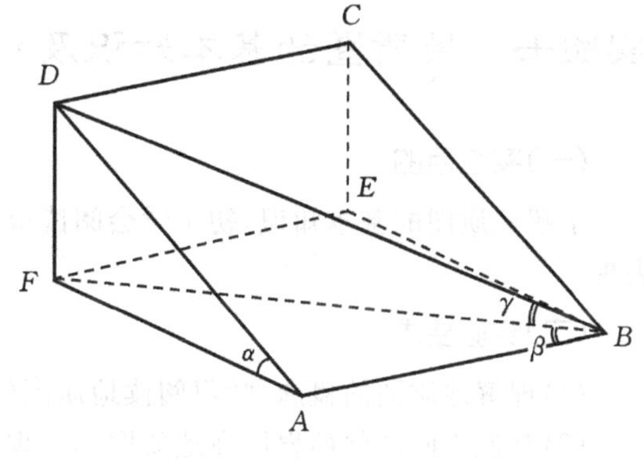

图1-7　真倾角α与视倾角γ

(四)GPS的使用

1. GPS的概述

GPS全球定位系统由空间卫星群和地面监控系统两大部分组成，除此之外，测量用户还应有卫星接收设备。

(1)空间卫星群。GPS的空间卫星群由24颗高约20万公里的GPS卫星群组成，并均匀分布在6个轨道面上，各平面之间交角为60°，轨道和地球赤道的倾角为55°，卫星的轨道运行周期为11小时58分，这样可以保证在任何时间和任何地点的地平线以上接收4到11颗GPS卫星发送出的信号。

(2)GPS的地面控制系统。GPS的地面控制系统包括一个主控站、三个注入站和五个监测站。主控站的作用是根据各监控站对GPS的观测数据计算卫星的星历和卫星钟的改正参数等，并将这些数据通过注入站注入到卫星中去，同时还对卫星进行控制、向卫星发布指令、调度备用卫星等。注入站的作用是将主控站计算的数据注入到卫星中去。监控站的作用是接收卫星信号，监测卫星工作状态。GPS地面控制系统主要设立在大西洋、印度洋、太平洋和美国本土。

(3)GPS用户部分。GPS的用户部分由GPS接收机、数据处理软件及相应的用户设备如计算机、气象仪器等组成，其作用是接收GPS卫星发出的信号，利用信号进行导航定位等。在测量领域，随着现代的科学技术的发展，体积小、重量轻、便于携带的GPS定位装置和高精度的技术指标为工程测量带来了极大的方便。

2. GPS的应用

利用GPS的定位技术可以准确地确定考察的路线、位置、高度等有关地理信息，也可利用高精度GPS测量地球表层的板块运动，这样有利于确定地层位置和性质。我们平常使用的是手持GPS。使用时，首先打开开关，进入到主页，然后测量经纬度，同时注意至少有三颗以上的卫星信息较强时，才可以使用该数据。

(五)作业

(1)室外现场操作地质罗盘的使用功能，并将方法、步骤及结果写在实验报告上。

(2)室外现场使用GPS定位和导航，并将方法、步骤及结果写在实验报告上。

实验七　地质图的基本知识及水平岩层和倾斜岩层的地质图判读

(一)实验目的

了解地质图的基本知识,初步学会阅读地质图的方法,了解各种产状的岩层在地质图上的表现。

(二)实验要求

(1)理解地质图的概念,学习阅读地质图的方法;

(2)掌握不同产状的岩层在地质图的表现特征,了解地层接触关系在地质图上的反映。

(三)实验内容

1.地质图的基本知识

(1)地质图的概念。

地质图是用规定的符号(文字、颜色及线条)把某一地区的各种地质体和地质现象(如各时代地层、岩体、地质构造、矿床等的产状、分布和相互关系),按一定比例概括地投影到地形图(平面图)上的一种图件。

(2)地质图的图式规格。

一幅正规的地质图有统一的规格,除了正图部分外,还应包括图名、比例尺、图例、编图单位和编图人、编图日期、地质剖面图和地层柱状图等。

2.读地质图的一般方法及步骤

(1)读图名、比例尺、图幅代号,了解图的类型、图的地理位置,推算图幅面积,了解图件编制的详细程度。

(2)读图例,了解图幅内地层、沉积岩、变质岩和岩浆岩的发育情况及地质演化历史。

(3)了解图内水系和山脊的分布状况及地形的总体特征,可以帮助认识地貌与地层分布规律等。

(4)概读地质内容,了解地层分布、岩浆岩分布、地层接触关系等。

3.各种产状的岩层、地层接触关系在地质图上的表现

(1)不同产状的岩层在地质图上的表现。

①水平岩层的出露界线是水平面与地面的交线,因而在地质图上是一条与地形等高线重合或平行的曲线(见图1-8);新地层出现在高处(山头),老地层在低处(山谷);同一时代的水平岩层在坡度小时出露宽,坡度大时出露窄;上下岩层面出露高度差即为岩层厚度。

②直立岩层面或地质界面(岩墙或断层面)在地质图上永远是一条切割等高线的直线,不受地形起伏影响;上下岩层面之间的垂直距离即为岩层厚度。

③倾斜岩层或其他地质界面在地质图上的表现是一条与地形等高线斜交的曲线(见图1-9),在地层层序没有发生倒转的情况下,沿倾向方向,地层时代越来越新。

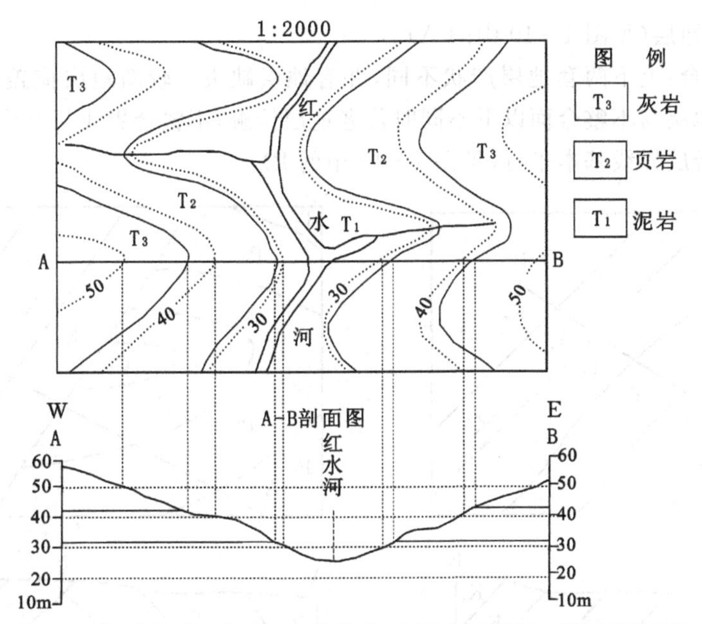

图 1-8 水平岩层在地质图上的表现(上图为平面图,下图为剖面图)

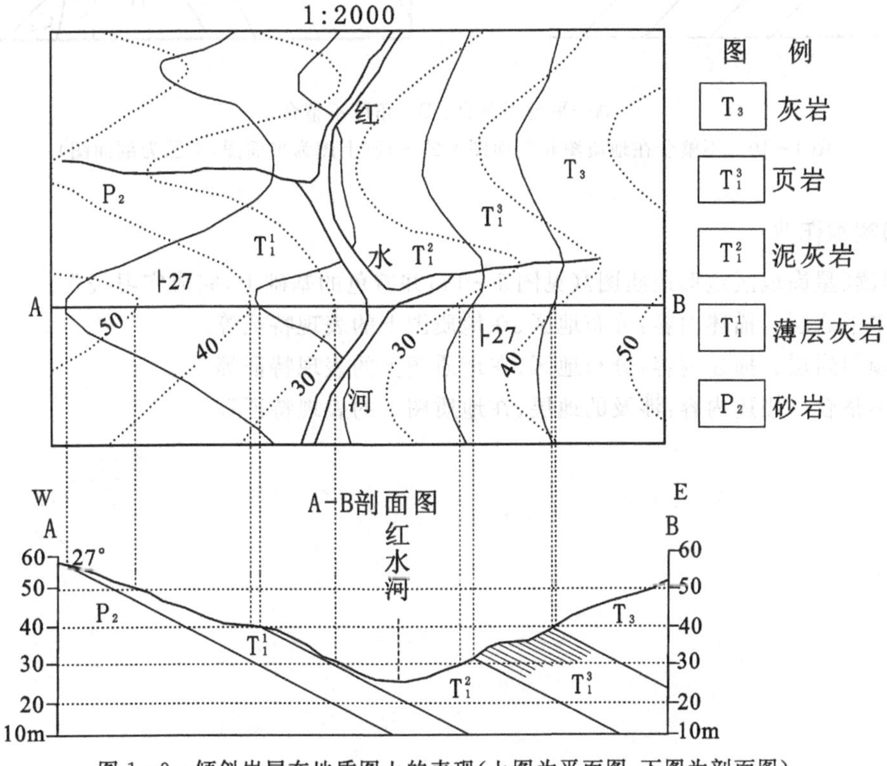

图 1-9 倾斜岩层在地质图上的表现(上图为平面图,下图为剖面图)

(2)地层的接触关系在地质图上的表现。

①整合接触:在地质图上,各时代地层连续无缺失,地质界线彼此大致平行并呈带状分布。

②平行不整合:上下两套地层的界线基本平行,倾向、倾角相同,但不整合面上下地层之间

缺失某些年代的地层(见图 1-10 中的 A)。

③角度不整合:上下两套地层产状不同,并有地层缺失。较新地层掩盖住较老地层的界线,同一时代新地层与不整合面以下不同时代老地层接触,不整合界线与下伏岩层界线成角度相交,而与上覆岩层界线基本平行(见图 1-10 中的 B)。

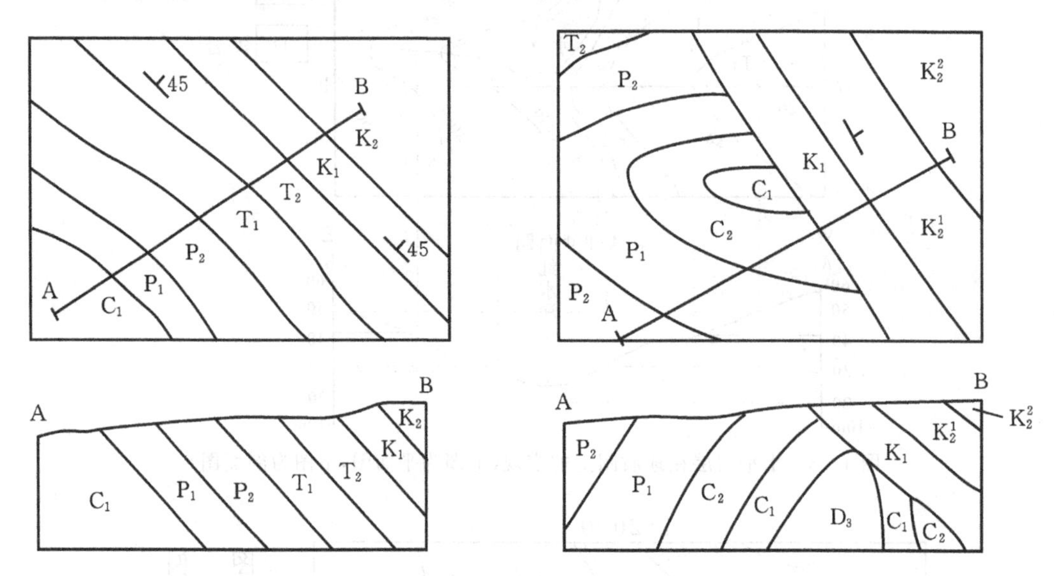

A—平行不整合；B—角度不整合

图 1-10　不整合在地质图和剖面图上的表现(上图为平面图,下图为剖面图)

(四)实验作业

在阅读《星岗地区地形地质图》(见图 1-11)并着色的基础上,完成实习报告。

(1)水平岩层。描述内容:分布地区、在地质图上的表现特征等。

(2)倾斜岩层。描述内容:分布地区、在地质图上的表现特征等。

(3)不整合。描述内容:涉及的地层、在地质图上的表现特征等。

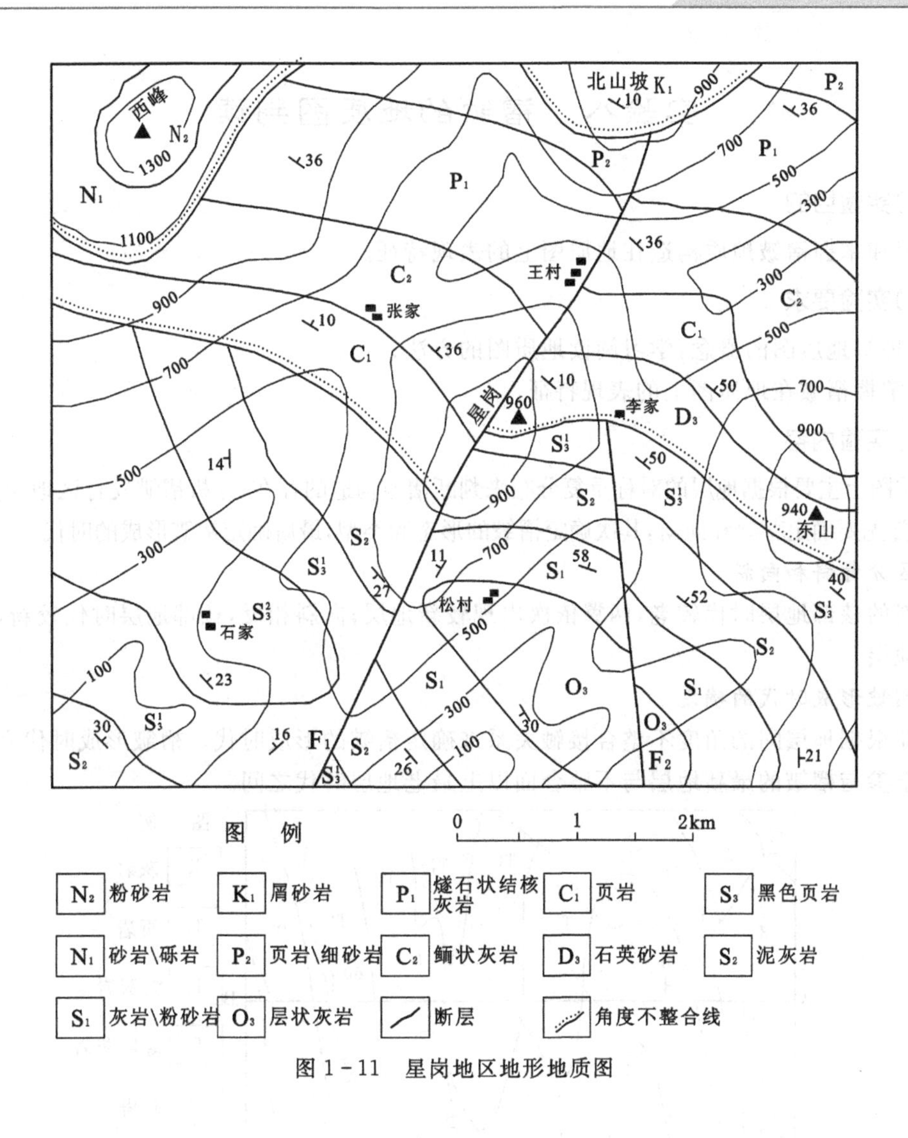

图 1-11　星岗地区地形地质图

实验八　褶皱的地质图判读

(一)实验目的

学习和掌握褶皱地质构造在地质图上的表现特征。

(二)实验要求

(1)理解地质图的概念,学习阅读地质图的方法;

(2)掌握褶皱在地质图上的表现特征。

(三)实验内容

地质图上主要根据地层的对称重复分布来判断褶皱构造的存在;分析褶皱发育区地质图(见图1－12),首先要确定背斜和向斜,其次确定褶皱的形态和类型,最后确定褶皱形成的时代。

1. 区分背斜和向斜

背斜的核部地层时代较老,两翼依次出现较新地层;向斜相反,核部地层时代较新,两翼依次为老地层。

2. 褶皱形成时代的确定

主要根据地层间的角度不整合接触关系来确定褶皱的形成时代。褶皱形成时代介于不整合面以下参与褶皱的最新地层与不整合面以上最老地层时代之间。

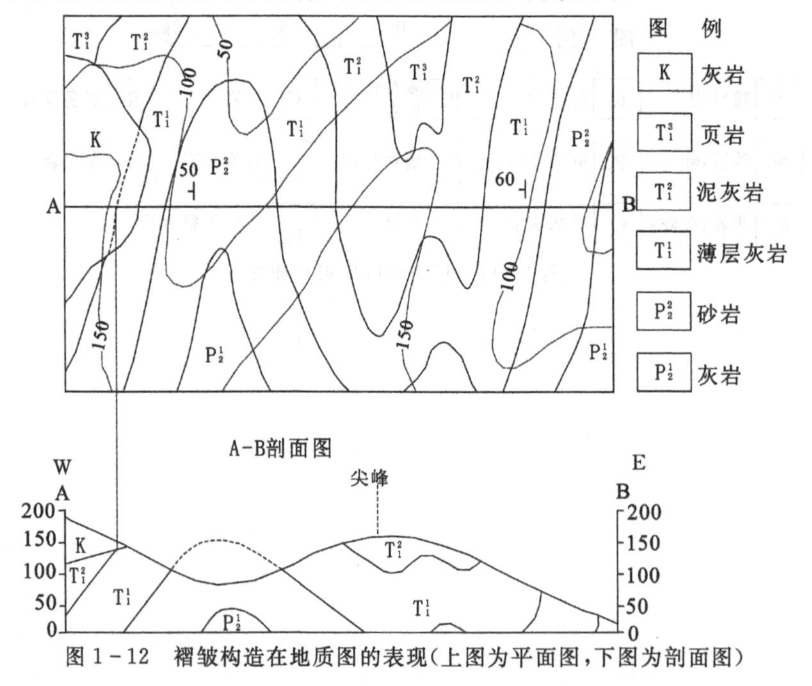

图1－12　褶皱构造在地质图的表现(上图为平面图,下图为剖面图)

(四)实验作业

在阅读《星岗地区地形地质图》(见图1－11)并着色的基础上,完成实习报告。

(1)背斜。描述内容:分布地区、核部地层、翼部地层及其产状、在地质图上的表现特征等。

(2)向斜。描述内容:分布地区、核部地层、翼部地层及其产状、在地质图上的表现特征等。

实验九　断裂的地质图判读及地质剖面图绘制

(一)实验目的

了解断层构造在地质图上的表现,学会图切地质剖面图。

(二)实验要求

(1)掌握断层在地质图上的反映特征;

(2)根据老师在地形地质图上布置的剖面线位置,给地形地质图着色并图切地质剖面图。

(三)实验内容

大部分地质图上都用一定的符号表示出断层的产状要素和断层类型。在没有用符号表示断层的产状及类型的地质图上,常画出了断层线,此时,首先要判断其大致倾向及倾角,然后判断两盘相对位移方向,根据两者可以确定断层的性质,最后确定断层形成的时代。

(四)实验作业

(1)在阅读《星岗地区地形地质图》(见图 1-11)并着色的基础上,描述各断层的分布地点、展布方向及产状、断层两盘地层及产状、断层性质、断层标志在地质图上的表现等。

(2)在《星岗地区地形地质图》(见图 1-11)上布置一剖面线,并图切相应位置的地质剖面。

第二章 地貌学实验

地貌是组成自然地理环境的基本要素。课堂上讲授的地貌知识，一般是各种地貌类型的典型特征。地貌形成和发展最一般、最普遍的原理，是高度概括归纳、模式化的结果，具有高度的抽象、理论性。实际上，地貌的类型众多、形态各异、成因复杂、规模大小悬殊，往往与课本上介绍的有很大差别，学生不容易识别。通过实验有利于把抽象的理论与真实的地貌形态和过程结合起来，巩固和理解课堂上所学的知识，培养对自然地理环境的实际观察技能。

实验一　坡地地貌

(一)说明

滑坡是山坡后退的重要过程之一，是灾害性地貌的一种。所给的滑坡实例是洒勒山，位于兰州市西南约65公里处，属黄土高原陇西地区的一部分。附近出露的地层有：N_2，微西倾的红色河湖相地层，以粘土层为主，夹薄层砂砾层；砂砾层含水，构成本区泉水来源。N_2之上是Q_{1-3}的黄土层，最厚可达百余米(见图2-1)。

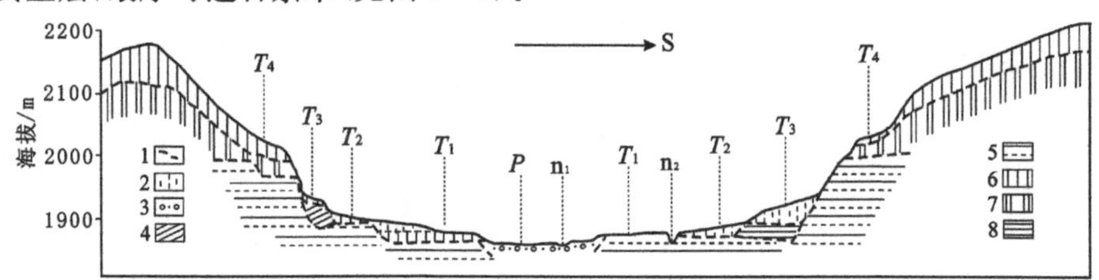

1—界线；2—坡积黄土；3—砂砾石层(河床相)；4—亚粘土(湖相)；5—砂砾和冲积黄土；
6—马兰黄土；7—黄土(Q_{1-2})　8—红色粘土(N_2)
T_{1-4}—各级河流阶地；P—河漫滩；n_1—河床；n_2—人工河道

图2-1　那勒寺河洒勒山附近河谷剖面

洒勒山位于那勒寺河北岸，为东西向延伸的黄土梁，长3公里多。其北岸是近直线型缓坡，南岸是凹坡。那勒寺河河谷断续分布着4级基座阶地，一级高3～5米，河漫滩高1～2米。山的南坡不稳定，有大小不等、新老不一的滑坡、崩塌体存在。

1983年3月7日17时46分，南坡突然发生滑坡(见图2-2、图2-3)，历时仅20～55秒，起始滑动的最低点在二级阶地前缘附近，最高点在梁脊，瞬间几千万立方米的土体迅速滑落，使近$3km^2$范围内的四个村庄、道路、3000多亩农田和一座水库毁于顷刻之间。滑坡前一年多，梁脊出现裂隙，并不断扩大和增多。1983年2月以来，裂隙扩展加快，山泉变混，水窖变形，3月3日起感到地动，夜间听到如牛吼般的“山鸣”，鸡犬出现异常。于是，政府动员群众外迁。尽管如此，仍死亡220多人，损失财产数十万元。

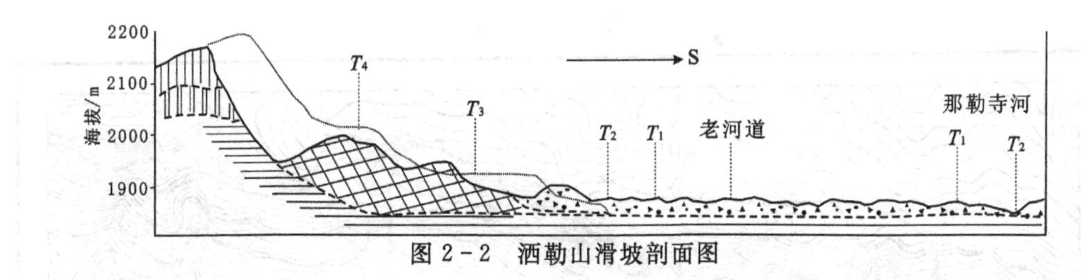

图 2-2　洒勒山滑坡剖面图

(二)实验内容和要求

(1)掌握从平面图和剖面图上分析滑坡形态特征的方法；

(2)辨认滑坡地貌各种次级类型；

(3)熟悉滑坡形态计量的主要内容；

(4)判断滑坡形成的主要因素和成因。

(三)讨论和分析

(1)滑坡的垂直滑距和水平滑距；

(2)滑坡体平均厚度取 40 米,估算滑坡体的体积；

(3)在图 2-3 中找出滑坡壁、滑坡床、滑坡阶地、滑坡鼓丘、滑坡洼地,并标注在图上；

(4)分析洒勒山滑坡形成的因素有哪些？哪些是主要的？说明判断的根据。

1—滑坡床界线；2—滑坡体堆积界线；3—滑坡影响带界线；4—滑坡洼地；
5—滑动前已存在的冲沟；6—村庄；7—滑动后找到的村庄、房屋位置

图 2-3　洒勒山滑坡平面图

实验二 流水地貌

(一)说明

流水地貌的类型非常多,包括冲积扇、河漫滩、河流阶地、迂回扇、牛轭湖、河流裂点、深切河曲等。本实验共提供 20 多个立体像对,包括暂时性流水地貌、河谷地貌、河床地貌、河漫滩地貌以及流域地貌等。不同的流水地貌类型所处的河流地段或者发育阶段是不同的,河流的平面形态也不同。

(二)要求

选择 6 种不同的流水地貌类型进行观测和描述,包括立体像片中各种地貌单元的色调、形态测量特征、形态组合特征、所处的部位或者发育阶段,对各种流水地貌要仔细观察,注意其细节。根据立体观察的结果,结合视差杆的使用,推断切割深度。

(三)回答问题

(1)河谷分哪些部分,各部分的组成是什么?

(2)深切曲流是如何形成的,有何意义?

(3)河漫滩的形成过程分哪几个阶段?

(4)迂回扇是如何形成的,如何根据其形态判断古河流的流向?

实验三 岩溶地貌

(一)说明

岩溶流水地貌的类型很多,包括峰林、峰丛、溶蚀洼地、岩溶漏斗、溶蚀盆地、干谷和盲谷等。本实验共提供20多个立体像对,这些都是地表常见的岩溶类型,它们分别处于岩溶发育的不同阶段,这些地貌在将来会按照岩溶地貌的演化规律进一步发展,这就是岩溶地貌发育的阶段性。

(二)要求

选择6种不同的岩溶地貌类型进行观测和描述,包括立体相片中各种地貌单元的色调、形态测量特征、形态组合特征、所处的发育阶段。要求描述各种地貌类型的平面形态,并根据立体观察的结果,结合视差杆的使用,推断地貌的高度和坡度。

(三)回答问题

(1)岩溶地貌形成的基本条件有哪些?

(2)影响岩溶发育的因素是什么?

(3)找出不同地区的立体像对,并比较不同地区岩溶发育的不同特点。

(4)所给的立体像对都是地表的岩溶地貌类型,那么相片上反映不出来的地下岩溶地貌有哪些?

实验四 冰川地貌

(一)说明

在高纬极地和高山地区,年平均温度长年在0℃以下,大气降水几乎全为固态的雪花。由于积雪长期不化并逐年加厚,因此经过一系列物理变化后就会形成具有可塑性的冰川冰,在自身压力作用下冰川冰沿着斜坡缓慢地流动,这种运动的冰体称作冰川。

根据形态和规模的不同,可将冰川划分为以下类型:

(1)大陆冰川。

(2)山岳冰川:①冰斗冰川;②悬冰川;③山谷冰川。

(3)高原冰川。

(4)山麓冰川。

根据冰川的物理性质,还可将其分为海洋性冰川和大陆性冰川。

本实验所给的立体像对中的冰川均为现代冰川,以山岳冰川为主,也有少量的高原冰川。

冰川运动过程中所发生的侵蚀、搬运和堆积作用,形成各种类型的冰川地貌。实验在对冰川地貌观察时,首先必须明确是哪一种冰川地貌。实验所给的冰川地貌类型包括冰斗、刃脊和角峰、冰川槽谷、冰碛物、侧碛堤、终碛堤等。

(二)要求

选择3种不同的冰川地貌类型进行观测和描述,包括立体相片中各种地貌单元的色调、形态测量特征、形态组合特征。要求描述各种冰川地貌类型的平面形态,并根据立体观察的结果,结合视差杆的使用,推断冰斗的高度和坡度。

(三)回答问题

(1)冰川形成的条件有哪些?

(2)常见的冰川侵蚀地貌有哪些?堆积地貌有哪些?

(3)冰斗的基本组成是什么?在利用冰斗推断古雪线位置时应注意什么问题?

实验五 风成和黄土地貌

(一)说明

风力作用主要发生在干旱地区。干旱区气候干燥,降水稀少,蒸发量大,蒸发量常超过降雨量几倍至几十倍。地面植被极其稀疏,昼夜的温度变化也十分强烈,日夜温差可达35℃～50℃,白天太阳暴晒地表裸露的大片砂砾、岩屑和基岩地面,使地面温度剧增;入夜后气温迅速降低,因此昼夜温差引起的岩石热胀冷缩和盐类结晶撑裂等物理风化作用十分强烈,致使岩石崩解破碎,形成一片荒漠景象。半干旱地区广泛发育黄土半干旱区,降水虽较干旱区有所增加,但降雨季节集中,片流和洪流的侵蚀强烈,不仅造成黄土区的大量水土流失,而且形成了许多特殊的黄土地貌。

黄土地貌在西北地区的新疆、青海、甘肃、宁夏和内蒙古等地有大面积的沙漠和戈壁分布,在陕西北部、甘肃的中部和东部、宁夏南部及山西西部等地黄土地貌亦广泛发育。

实验所给的风成和黄土地貌多处于以上地区,风成地貌分为风蚀地貌和风积地貌,包括风蚀蘑菇、风蚀城堡、风蚀垄槽、风蚀洼地和各种类型的沙丘、沙陇。黄土沟间地貌分为黄土塬、黄土梁和黄土峁。

(二)要求

选择3种风成地貌和3种黄土地貌(黄土塬、黄土梁、黄土峁)分别进行观测和描述,包括立体相片中各种地貌单元的色调、形态测量特征、形态组合特征。对于风成地貌中的沙丘,要对两侧的坡度进行比较,对于新月形沙丘和抛物线型沙丘要判断出风向。

(三)回答问题

(1)风沙搬运的方式有哪些?

(2)风蚀地貌和风积地貌各有哪些类型?

(3)新月形沙丘和抛物线型沙丘分别是如何形成的?

(4)黄土的基本性质是什么?成因有哪些?

(5)什么是黄土滑坡?形成的条件是什么?

实验六 河口与海岸地貌

(一)说明

陆地和海洋之间的接触地带称为海岸带。海岸带的地貌是由波浪、潮汐、海流等海水动力和河水动力共同作用所形成的。现代海岸带从陆向海方向可分为海岸、海滩和水下岸坡三个部分。海岸地貌分为海蚀地貌和海积地貌。

常见的海蚀地貌有:

①海蚀穴与海蚀崖;②海蚀平台与海蚀阶地;③海蚀拱桥和海蚀柱。

常见的海积地貌有:

①海滩与海岸沙堤;②水下沙堤、离岸堤和泻湖;③沙咀;④连岛沙坝。

河口地貌主要是观测和描述三角洲。

(二)要求

选择2种海岸地貌和河口的三角洲地貌分别进行观测和描述,包括立体相片中各种地貌单元的色调、形态测量特征、形态组合特征。

(三)回答问题

(1)影响海岸发育的因素有哪些?

(2)海水的运动方式有哪些?

(3)海岸地貌的类型有哪些?

第三章 气象学与气候学实验

气候的实验内容很多，考虑到地理科学专业《自然地理学》教学和中学地理教学的要求，本章仅选编地面气象观测中的主要观测项目——温、湿、压、风、云、雨、日照、蒸发等8个基本气候要素。它们对自然地理环境的发生、发展和变化均有重要的影响。

实验一 气象园的建立

(一)实验目的

(1)了解气象园建立时的场地要求、环境要求；

(2)气象观测种类、时间、次数、程序；

(3)气象园内观测仪器的布局。

(二)实验要求

(1)掌握气象园建立时的场地要求、环境要求；

(2)掌握定时观测的种类、时间、次数、程序；

(3)画出气象园内的各种气象观测仪器的平面布局图。

(三)实验步骤

(1)通过视频观看气象园的全貌，从宏观上了解气象园的布局；

(2)通过教学课件了解气象园的平面布局；

(3)实地了解气象园的布局情况。

(四)实验内容

1.观测场地的要求

(1)观测的目的。

①通过大量的、系统的、连续的观测，掌握大气中不断发生的各种物理现象和物理过程的基本规律和特点，并将所观测的资料进行分析综合整理得出正确的结论。

②通过观测使学生熟悉气象观测仪器的使用，同时加深和验证课堂上所学的内容。

③通过观测初步学会气象观测的基本技能和方法。

④通过观测初步学会建立小型气象园的步骤、要求等。

(2)环境要求。

场地是代表本地区较大范围气象要素特点和天气、气候特征的地方，要避免局部地形的影响。一般要求场地平坦空旷，四周没有高大建筑物、树林和大水池的地方。观测场地的边缘与四周孤立障碍物的距离，至少是该障碍物高度的三倍以上，成排的障碍物，至少是该障碍物高度的10倍以上，四周不应种高秆作物，以保证气流的通畅。

(3)场地大小的要求。

观测场地大小应为25×25m²;如果条件限制,可为16(东西向)×20(南北向)m²。中学气象园的大小可根据学校场地的条件而定,尽可能符合国家气象局的规定,可采用16×20m²的面积,但不要小于5×4m²,否则仪器相距太近,相互遮挡,影响观测质量,而且影响活动的进行。

(4)观测场内的要求。

观测场地要求平整,不应有洞穴、坑洼、突起的地方,否则仪器安置不易达到水平的要求。由于一般地区下垫面绿色植物分布的面积最广,所以观测场内应种植浅草,土壤应保持当地的结构特征,同时在场内要铺设0.3~0.5m宽的小路(不能用沥青铺面),保持场内整洁,方便行走,以免踏平草层。为了保护场内仪器设备,观测场四周应设高度为1.2m的稀疏围栏(铁丝网、铁栏杆、竹围栏等),保持气流通畅。围栏的北面正中开一个小门,方便出入。

要保持场内整洁,当草高超过20cm时,要剪短,并将草及时运出场地。在冬季降雪时,除小路和百叶箱顶壁的积雪可以清除外,场内积雪应保持原状,使其自然融化。

2.观测场内仪器的安置

观测场内仪器的安置应当保持一定距离,互不影响,具体要求如下:

(1)仪器高的安排在北面,低的安在南面,东西成行,大体对称。

(2)仪器设备应安置在东西走向的小路的南侧,便于观测人员观测时能迅速从北面接近仪器。观测次数多的仪器,应尽量接近中间小路。如图3-1所示。

(3)百叶箱内的温度表安置的高度规定为1.5m。

(4)测量降雨量的雨量器的安置高度规定为70cm。

(5)测量风的仪器安置在距地面10m以上。

(6)观测场内的日射、日照仪器应在开阔的地方,并放在平台上。而且日射仪器事先需要测定反射率。

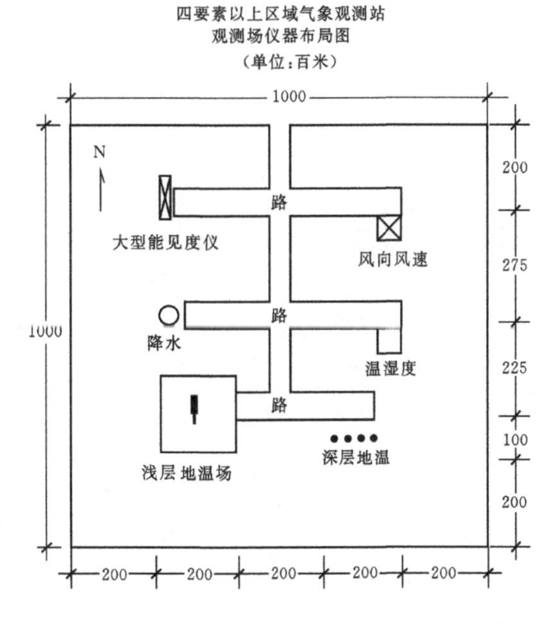

图3-1 观测场内仪器的布置

3. 观测时间

(1)每日以北京时间 02、08、14、20 时进行四次气候观测，部分观测站、观测哨仅进行 08、14、20 三次气候观测。

(2)定时观测项目表(见表 3-1)。

表 3-1 定时观测项目表

时间	02 08 14 20	08	14	20	日落后
观测项目	云、能见度、天气现象、空气的温度、湿度、风、气压、0～40cm 地温	降水、冻土、雪深、雪压、地面最低温度	80～320cm 地温、更换温度、气压、湿度自记纸	降水、蒸发、最高、最低气温和地面最高、最低气温，并调整观测表放回原位	日照计换纸

(3)温度、湿度气压等要素尽可能接近正点观测，而目测项目如云、能见度等可在正点观测前进行观测。

(4)气象要素均以北京时间 20 时为日界，自记记录以 24 时为日界，日照计以日落为界。

(5)中学气象园观测项目，每天观测三次，在不影响教学工作的前提下，可以提前一小时，在 07、13、19 时观测。

实验二　空气、地面温度、最高最低温度和湿度的测定

(一)实验目的

(1)了解空气温度和湿度的测定原理和方法;

(2)了解地温的测定原理和方法;

(3)了解最高温和最低温测定原理和方法;

(4)学会温度和湿度仪器的场地安装和正确使用;

(5)了解自动气象站的温度测量原理和遥感传输方式;

(6)掌握温度表的换算和使用方法;

(7)掌握温度和湿度数据的处理。

(二)实验原理

任何物质温度变化都会引起它本身的物理特征与几何形状的改变。利用物质这一特性,确定它与温度间的数量关系,就可以作为测温仪器的感应部分,制成各种各样的温度表。常用的温度表有以水银或酒精为感应液的玻璃液体温度表。

水银和酒精都具有比较明显的热胀冷缩的特性。水银和酒精相比较,具有导热快、比热小、易提纯、沸点高(356.9℃)、蒸汽压小、不与玻璃发生浸润作用等优点,所以用水银作感应液的温度表的灵敏度和精确度都较高。但是由于水银冰点比酒精高(－38.9℃),测定低温不适宜,而酒精冰点低(－117.3℃),用来测定低温比较好。但酒精本身具有膨胀系数不够稳定、纯度较差、容易蒸发,以及与玻璃起浸润作用等缺点,所以一般情况下,不使用酒精温度表,只有在气温低于－36℃时,才按照《地面气象观测规范》规定使用酒精温度表。因此,除了最低温度表用酒精作感应液外,一般温度表多用水银作为感应液。

当温度表与空气接触时,球部与空气间便发生热量交换。如果空气温度升高,温度表球部便吸收空气中的热量,球部的玻璃和水银(酒精)都受热而膨胀,然而水银(酒精)膨胀量远比玻璃大,所以一部分水银(酒精)被迫进入毛细管中,于是毛细管内水银柱便随之升高,直到热量交换平衡时为止。这时水银柱(酒精柱)随之下降。反之,气温降低时,毛细管内的水银柱(酒精柱)随之下降,直到热量交换平衡为止。因此,温度表水银柱(酒精柱)的示度也能表示气温的高低。

1. 普通温度表(干湿球温度表)

普通温度表是由球部、套管、白磁刻板及顶部所组成的水银温度表。它的特点是:如前所述毛细管内水银柱的示度,随着被测物的温度变化而变化,因而可以测出任意时刻被测物的温度。气象学的观测是用一对规格相同的普通温度表测定空气的温度和湿度,因此又称为干湿球温度表。

2. 最高温度表

最高温度表也是一种水银温度表,用以测定一定时间内的最高温度。它与普通温度不同的地方在于球部。最高温度表的球部有一玻璃针,伸入毛细管,使球部与毛细管之间形成一窄道。温度升高时,球部水银体积膨胀,压力增大,迫使水银挤过狭管回至球部,因而水银柱就在狭管处断裂,于是狭管以上这段水银柱的顶端,就保持在过去一段时间内温度表所感受到的最

高温度示度上。

3. **最低温度表**

测定一定时间间隔内的最低温度，用最低温度表。它的构造特点是：毛细管较粗，内贮透明的酒精，在毛细管内酒精中有一个哑铃形的玻璃游标。当温度下降时，酒精柱收缩，由于酒精柱顶端与游标接触时，其表面张力作用，带动游标下降；当温度上升时，酒精膨胀，酒精柱可以经过游标周围慢慢向前流动，而游标因顶端对管壁的摩擦力及本身的重力作用，仍停留在原位不动，因此它可以指示出一定时间间隔内曾经出现过的最低温度。

4. **地温测量**

地温是地表面和以下不同深度处土壤温度的统称。地面在白天和夏季温度高，夜间和冬季温度低，日、年变化明显。这些变化一般随深度增加而减小。气象站一般观测地面以及地面以下 5cm、10cm、15cm、20cm、40cm、80cm、160cm 和 320cm 深度的地温，以及地面每天的最高、最低温度。

(三)实验仪器及工具

温度计，6 支；湿度计，3 支；最高温度计，3 支；最低温度计，3 支；温度、湿度换算手册。

(四)实验内容与步骤

(1)按规定时间(20 分钟一次)首先读空气干球，后读湿球，记录之后再复读一次，然后读最高温度、最低温度，复读记录后，调整最高、最低温度表，放置最高温度表时，要先放球部，后放头部，以免水银上滑。

(2)按规定时间(20 分钟一次)首先读空地面 0cm 处干球，后读湿球，记录之后再复读一次，然后读最高温度、最低温度，复读记录后，调整最高、最低温度表，放置最高温度表时，要先放球部，后放头部，以免水银上滑。再读 5cm、10cm、15cm、20cm、40cm、80cm、160cm、320cm 处的温度。

(3)根据干球温度和湿球温度查温度换算手册得到该条件下的水汽压、相对湿度、露点温度。

(五)实验数据结果、现象记录

根据实验步骤，记录结果，填在表 3－2、表 3－3 中。

表 3－2　高气温湿度观测记录表

时间		14：50						
空气温湿观测	干球(T)							

表 3-3 地温观测记录表

	时间	14:50						
地温观测	0cm							
	5cm							
	10cm							
	15cm							
	20cm							
	40cm							
	80cm							
	160cm							
	320mm							

(六)实验结果及分析

(1)干球温度和湿球温度随时间变化曲线;

(2)相对湿度随时间变化曲线。

(七)实验结论

通过实验得到的结论,与理论学习是否一致?不一致时,探讨为什么?

(八)实验注意事项

(1)最高温度表为了防止重力作用,应水平安放,为了防止水银柱滑向头部,也可将头部稍放高一点。

观测最高温度后,应按规定进行调整。其方法是:用右手紧握表中上部,球部向下,把手伸出与身体约成 30°角,在水平面 45°范围内剧烈甩动几次,待其示度与干球温度相差不到 0.2℃时为止,最后,将调整好的最高温度表放回原来位置上,注意手不能触及球部,先放球部,后放表身。

(2)观测最低温度表之后,要进行调整,先将球部向上抬起,使游标到达酒精柱的顶端,与酒精面相接触,然后将最低温度表水平安装好。

(3)观测温度表须注意下列事项:

① 必须保持视线和水银柱顶端高度齐平,以避免由于视差而使读数偏高或偏低。

② 温度表是很灵敏的仪器,所以读数时应迅速,勿使头部、手和灯接近表的球部,不要对着温度表呼吸。

③ 观测后应复读一次读数,避免发生读错,特别是 5°、10°或零上零下看颠倒等大差错。

上述温度表观测后,然后观测大百叶箱内的自记温度计、湿度计。

(4)湿球温度观测注意事项。

测定空气湿度的准确度与湿球温度示度是否准确有很大关系,要使湿球示度准确,主要在于干湿球表面有良好蒸发和热量交换,这就要求选择吸水性好的纱布及用纯净的蒸馏水来润湿纱布等。

① 选择吸水性能良好的纱布,一般要求 15 分钟内至少吸水 7～8cm。纱布应保持清洁、

柔软、无灰尘。一般一周更换一次纱布。如遇大风、沙暴天气，应随时更换纱布，换布时把手洗干净，用清水将表的球部洗净，再把长 10cm 左右的纱布在蒸馏水中浸湿，然后把它缠在水银球部，纱布在球部上重叠的部分不得超过球部表面积的四分之一，再用纱线将球的上部和下部做好活扣扎紧。

② 湿球纱布要用蒸馏水浸湿，不得用河水、泉水。因用含有杂质的水湿润纱布会使蒸发量减少，湿球示度偏高，所以规定用蒸馏水。纱布下的水盂，应经常装满水。如因空气过于干燥，纱布吸水不及时，则应在观测前巡视仪器时用水盂将纱布浸湿，以保证观测正常进行。

(5)地温观测注意事项。

测定地温用的仪器有：地面温度表、地面最低温度表、地面最高温度表。

这三支温度表与测定气温的干球温度、最高温度表和最低温度表相同，只是由于地面温度变化范围较宽，它们的测量范围也较大。并被安装在观测场的南边的地表面，球部一半埋于土中，一半露于外面，三支地温表并排放在地段中央偏东的地面上；由北向南为地面温度表、地面最低温度表、地面最高温度表、它们相互的距离为 5～6cm。

在观测地面温度表时，不得将表取离地面读数(被水淹时例外)。

(九) 实验报告

按实验报告要求、实验时间、地点、天气、气象要素等要求撰写。

实验三 风速、风向的测定

(一)实验目的

(1)了解风速的测定原理和方法;

(2)掌握目测风的技能;

(3)掌握电接风速仪的测量技能;

(4)掌握三杯风速仪的测定技能;

(5)掌握风测定数据的处理方法。

(二)风的观测

风的观测包括风向和风速的观测。风向是指风吹来的方向,一般分为16方位,也可用角度表示。例如北(N)、东(E)、西(W)、南(S)四个方位,分别以360°(0)、90°、180°、270°表示。风速是指单位时间内空气流动的水平距离,以米/秒为单位。目前用来测定风的仪器有EL型电接风向风速仪、轻便测风器等。在没有仪器或仪器失灵的情况下可根据某些物体被风吹动的情况用目力来判定。

(三)EL型电接风向风速仪测风速和风向

EL型电接风向风速仪是由电感应器、指示器和记录器三部分组成。

感应器安装在室外10~12m高的杆子上。感应器的上部为风速部分,由风杯、交流发电机、蜗轮等组成;感应器的下部为风向部分,是由风标、风向方位块、导电环、接触簧片等组成。

指示器放在室内桌上用来观测瞬时风向和瞬时风速的。它由电源瞬时风向指标盘、瞬时风速指示盘等组成。

记录器也置于室内,用来记录风向风速连续变化。它是由八个风向电磁铁、一个风速电磁铁、自记钟、自记笔、笔档、充放电线路等部分组成。

感应器用一长电线和指示器相连,指示器与记录器之间用短电线相楱。

观测方法如下:

(1)打开指示器的风向风速开关,观测2分钟风速指针摆动的平均位置,读取整数,记在观测簿相应栏中。风速小的时候,把风速开关拨到"20"挡,读0~20米/秒标尺刻度;风速大时,应把风速开关拨到"40"挡,读0~40米/秒标尺刻度。观测风向指示灯,读取2分钟的最多风向,用十六方位的缩写记录。静风时,风速记0,风向记C;平均风速40超过米/秒,则记为>40。

(2)自记纸更换方法、步骤与温度计基本相同,只是更换时间为13时。

(四)便携式三杯风向风速仪

轻便三杯风向风速表用于测量风向和一分钟时间内的平均风速。轻便三杯风向风速表由风向仪、风速表、手柄三部分组成。风向仪包括风向指针、方位盘、制动小套

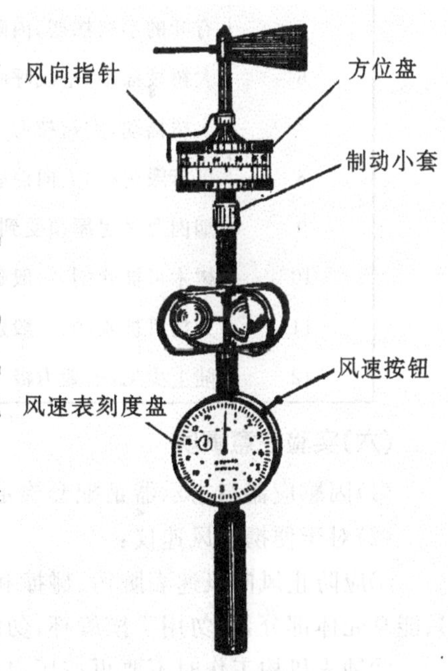

图3-2 便携式风速仪

管部件。如图 3-2 所示。风速表由十字护架、感应组件旋杯和风速表主机体组成。旋杯是风速表的感应元件，它的转速与风速有一个固定的关系。风速表主要就是根据这个基本原理制成的。以上三部分可以通过螺纹连接在一起。

当观测完毕时，务必将小套管向左转一角度，使其恢复原来位置，这时方向盘就可以固定不动。小心地将风向仪和手柄退下，放入仪器盒内。

（五）目测风力风向

在测风仪器发生故障或没有测风仪器时，也可用目力来测风力、风向作为正式记录。根据风对地面物体的影响而引起的各种观象，将风力分为 13 级，最小为 0 级，最大为 12 级。如以目力来测风力、风向作为正式记录，则应估计风力等级并换算成相当的风速。目测风向一般是旌旗、布条、炊烟的方向以及人体感觉等方法，按八个方位进行估计。

目测风向和风力时，观测者尽量站在空旷地方，多选几种物体，仔细观测。观测时，应连续看两分钟，以平均情况记录，风力等级如表 3-4 所示。

表 3-4 风力等级

风力等级	陆地上面物体征象	相当风速（米/秒）	
		范 围	中数
0	静烟直上	0.0～0.2	0.1
1	烟能表示风向，树叶略有摇动	0.3～1.5	0.9
2	人面感觉有风，树叶有微响	1.6～3.3	2.5
3	树叶及小枝摇动不息，旗子展开	2.4～5.4	4.1
4	能吹起地面灰尘和纸张，树的小枝摇动	5.5～7.9	6.7
5	有叶的小树摇摆，内陆的水面有小波	8.0～10.7	9.4
6	大树枝摇动，电线呼呼有声，撑伞困难	10.8～13.8	12.3
7	大树摇动，大树枝弯下来，迎风步行感觉不便	13.9～17.1	15.5
8	可折毁树枝，人向前感到阻力甚大	17.2～20.7	19.0
9	烟囱及平房屋顶受到损坏，小屋遭到破坏	20.8～24.4	22.6
10	树木可被吹倒，一般建筑物遭破坏	24.5～28.4	26.5
11	大树可被吹倒，一般建筑物遭到严重破坏	28.5～32.6	30.6
12	陆上少见，摧毁力极大	>32.6	30.6

（六）实验注意事项

(1)因感应器与指示器是配套检定的，所以在撤换仪器时二者应同时成套撤换。

(2)对于便携式风速仪：

①应防止风向风速表脏污、碰撞和震动。非观测时间一定要放在仪器盒内，取出仪器时，只能拿壳体部分，切勿用手摸旋杯，勿拿护架。

②钟表机构工作时不要再按压启动杆，平时也勿随便按压。

③各轴承和紧固螺母不得随意松动。

④若仪器被雨雪打湿，需用软布擦干后放入盒内。

⑤仪器使用 120 小时后需重新检定。

⑥仪器应存放在空气温度－10℃～＋30℃，相对湿度 30％～80％的室内，室内不得存放有腐蚀性的挥发物质。

实验四　蒸发、大气压的测定

(蒸发和大气压的测定本来是两个不同的实验，由于蒸发的间隔时间较长，故兼大气压实验同时进行)

(一)实验目的

(1)了解蒸发的测定原理和方法；

(2)掌握蒸发测定技能；

(3)掌握蒸发随时间和温度(日照)的变化规律；

(4)了解气压的测定原理和方法；

(5)掌握动槽式气压计的测定方法技能；

(6)掌握气压计的测定技能；

(7)掌握气压测定数据的处理方法。

(二)蒸发实验

1.蒸发原理

蒸发原理是指利用一定口径的蒸发器中的水因蒸发而降低的深度来观测其蒸发量。蒸发量以毫米为单位，取小数一位。测定蒸发量用小型和E-601型蒸发器。如图3-3所示。它是由一口径20cm、高约10cm的金属圆盆，口缘镶有内直外斜的刀刃形铜圈，器旁有一倒水小咀所组成。为了防止鸟兽饮水，器口附有一个上端向外张开成喇叭状的金属状的金属丝网圈。

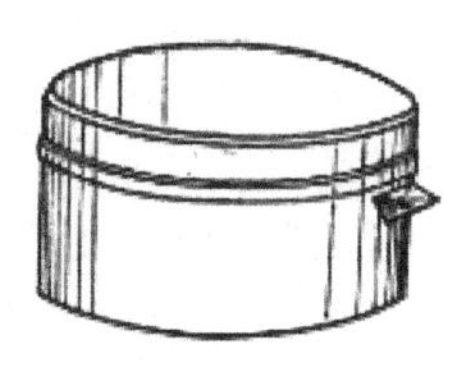

图3-3　小型蒸发器

2.蒸发器的安装

在观测场内的安置地点竖一圆柱，柱顶安一圈架，将蒸发器安放其中。蒸发器口缘保持水平，距地面高度为70cm。冬季积雪较深地区的安置同雨量器。

3.观测和记录

每天20时进行观测，测量前一天20时注入的20mm清水(即今日原量)经24小时蒸发剩余的水量记入观测簿余量栏。然后倒掉余量，重新量取20mm(干燥地区和干燥季节须量取30毫米)清水注入蒸发器内，并记入次日原量栏。蒸发量计算式如下：

$$蒸发量=原量+降水量-余量$$

蒸发器内的水量全部蒸发完时，记为＞20.0(如原量为30.0mm，记为＞30.0)。此种情况应避免发生，平时要注意蒸发状况，增加原量。

一般情况下每30分钟记录一次，气温很高时可以20分钟记录一次。

4. 实验注意事项

(1)如结冰后有风沙,在观测时,应先将器内冰面上积存的尘沙清扫出去,然后称量。称量后,需用水再将冻着在冰面上的尘沙洗去再补足20mm的水量。

(2)有降水时,应取下金属丝网圈;有强烈降水时,应随时注意从器内取出一定的水量,以防水溢出。取出的水量应及时记入观测簿备注栏,并加在该日的“余量”中。因降水或其他原因,致使蒸发量测定值成负值时,记为0.0。

(3)每天观测后均应清洗蒸发器(洗后要倒净余水),并换用干净水。冬季结冰期间,可十天换水一次。

(4)应定期检查蒸发器是否水平,有无漏水现象,并及时纠正。

(三) 大气压测量

1. 气压测量原理

气压测量是测定作用在单位面积上的大气压力。气压以毫巴(mb)为单位,取一位小数。

测定气压的仪器如图3-4所示,要用动槽式水银气压表,它们是根据水银柱的重量和大气压力相平衡的原理来测定气压的。

用长约1米的一根玻璃管,内装经蒸馏过的纯水银倒插在水银槽内,这时管内的水银柱就开始下降,当下降到一定高度后(通常水银柱顶离槽中水银面为760mm左右)就不在下降了。这是因为水银槽面上的大气压力,支持住了管内水银柱的重量的缘故。随着大气压力升高或减小,水银柱亦随之升高或降低。所以根据水银柱高低就可以测出大气压力的大小。设玻璃横截面积为S,水银柱高度为h,水银密度为ρ,重量为w,重力加速度为g,则压力:

$$P=\frac{W}{S}=\frac{mg}{S}$$

其中 $m=\rho\times v, v=S\times h$

所以

$$P=\frac{Mg}{S}=\frac{\rho gSh}{S}=\rho gh$$

公式中水银密度ρ和重力g固定时,则P与h成正比,故气压P可用水银柱高度h来表示。

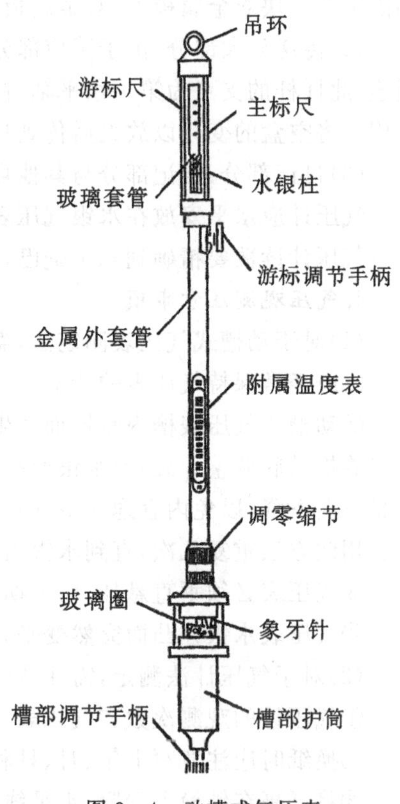

图3-4 动槽式气压表

2. 气压观测和记录

(1)观测附属温度表(简称“附温表”),读数精确到0.1℃。当温度低于附温表最低刻度时,应在紧贴气压表外套管壁上,另挂一支有更低刻度的温度表作为附温表,进行读数。

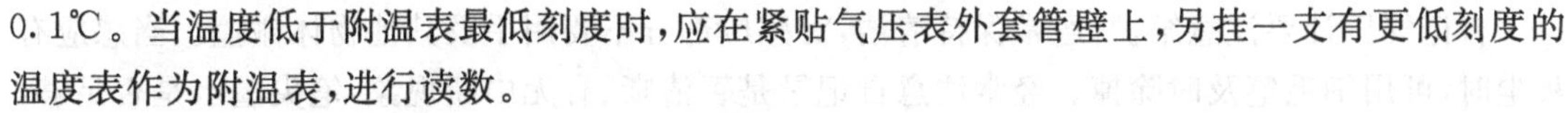

(2)调整水银槽内水银面,使之与象牙针尖恰恰相接。调整时,旋动槽底调整螺旋,使槽内水银面自下而上地升高,动作要轻而慢,直到象牙针尖与水银面正好相接(水银面上既没有小涡,也无空隙)为止。如果出现小涡,则须重新进行调整,直至达到要求为止。

(3)调整游尺与读数。先使游尺稍高于水银柱顶,并使视线与游尺环的前后下降在同一水平线上,再慢慢下降游尺,直到游尺环的前后下缘与水银柱凸面顶点刚刚相切。此时,通过游尺下缘零线所对标尺的刻度即可读出整数。再从游尺刻度线上找出一根与标尺上某一刻度相吻合的刻度线,则游尺上这根刻度线的数字就是小数读数。

(4)读数复验后,降下水银面。旋转槽底调整螺旋,使水银面离开象牙针尖约 2～3mm。观测时如光线不足,可用手电筒或加遮光罩的电灯(15～40 瓦)照明。采光时,灯光要从气压表侧后方照亮气压表挂板的白磁板,而不能直接照在水银柱顶或象牙针上,以免影响调整的正确性。

3.气压计法测定

气压计是自动记录气压连续变化的仪器,其准确度不如水银气压表。气压计在构造上与其他自记仪器相似,可分为感应部分、传递放大部分和自记部分。

(1)感应部分:由几个空盒串联而成的,最上的一个空盒与机械部分连接,最下一个空盒的轴固定在一块双金属板上,双金属板上用以补偿对空盒变形的影响。

(2)传递放大部分:由于感应部分的变形很小,常采用两次放大。空盒上的连接片与杠杆相连,此杠杆的支点为第一水平轴,杠杆借另一连接片与第二水平轴的转臂连接。这一部分的作用是将空盒的变化以放大后传到自记部分去。这样以两次放大能够提高仪器的灵敏度。

(3)自记部分:自记部分与其他自记仪器相同。

气压计应水平安放在水银气压表附近,离地高度以便于观测为宜。

气压计读数要精确到 0.1 毫巴,其换纸时间和方法与其他自记仪器相同。

4.气压观测注意事项

(1)对于动槽式气压表测定法,需注意的事项如下:

①应经常保持气压表的清洁。

②动槽式气压表槽内水银面产生氧化物时,应及时清除。对有过滤板装置的气压表,可以慢慢旋松槽底调整螺旋,使水银面缓缓下降到之下(动作要轻缓,使水银面刚好流入板下为止,切忌再向下降,以免内管逸入空气),然后再逐渐旋紧槽底调整螺旋,使水银面升高至象牙针附近。用此方法重复几次,直到水银面洁净为止。

③气压表必须垂直悬挂,应定期用铅垂线在相互成直角的两个位置校正。

④气压表水银柱凸面突然变平并不再恢复,或其示值显著不正常时,应及时处理。

(2)对于气压计法测定,需注意的事项如下:

①气压计的观测次数和气压表一样,每次读数后要用笔尖画短线做一记号。

②换纸时应注意写上年、月、日和上纸的时间及取下纸的时间。

③将纸裹在钟筒上卷紧,水平线对齐,底边紧贴筒底边缘并以压条固定。

④转动钟筒,使笔尖正对当时时间。

⑤推回笔档,使笔尖与钟筒接触,做记号,重新检查一遍后,关上合盖。

自记气压计要注意维护,经常保持清洁,对感应部分不要用手及其他物体碰撞。当感应有灰尘时,可用细毛笔及时除掉。经常注意自记录是否清晰、有无中断现象,笔尖墨水是否足够,自记钟是否停摆等。

实验五　降雨的测定

(一)实验目的

(1)了解降水测定原理和方法;

(2)了解虹吸式雨量计的降水测定原理和方法;

(3)学会降水仪器的安装和正确使用方法;

(4)了解自动气象站的降水测定和传输原理;

(5)掌握降水数据的记录和处理方法。

(二)实验原理

利用虹吸原理进行降水实验。虹吸式雨量计能够连续记录液体降水的降水量,所以通过降水记录可以观测到降水量、降水的起止时间、降水强度。台站所用的虹吸式雨量计的承水器口径一般为 20cm。

(三)实验仪器及工具

虹吸式雨量计(演示用);自动气象站和翻斗式雨量计及雨量传感器。

(四)仪器结构及安装

雨量器为一金属圆筒,目前我国所用的是筒口直径为 20cm 的雨量器,它的构造包括:承水器、漏斗、收集雨量的储水瓶和储水筒,并配有专用的量杯。承水器口做成内直外斜的刀刃形,防止多余的雨水溅入,提高测量的精确性。冬季下大雪时,为了避免降雪堆积在漏斗中,被风吹出或倾出其外,可将漏斗取去或将漏斗换成同面积的承雪口使用。漏斗口为正圆形。

雨量杯是一个特制的玻璃杯,杯上的刻度一般从 0 到 10.5mm,每一小格代表 0.1mm,每一大格为 1mm。

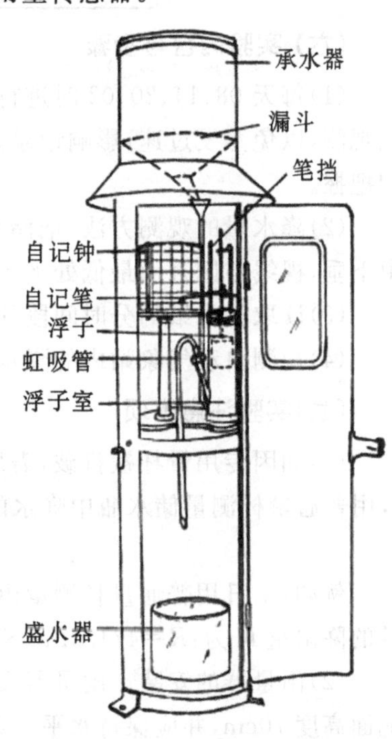

图 3-5　虹吸式雨量计

虹吸式雨量计(见图 3-5),降雨时雨水通过承水器、漏斗进入浮子室后,其中水面随即升高,浮子和笔杆也随着上升。随着容器内水集聚的快慢,笔尖即在自记纸上记出相应的曲线,表示降水量及其随时间的变化。当笔尖到达自记纸上限时(一般相当于 10mm 或 20mm 降水量),容器内的水就从浮子室旁的虹吸管排出,流入管下的标准容器中,笔尖即落到 0 线上。若仍有降水,则笔尖又重新开始随之上升。降水强度大时,笔尖上升得快,曲线陡;反之,降水强度小时,笔尖上升慢,曲线平缓。因此,自记纸上曲线的斜率就表示降水强度的大小。

(五)降水强度的划分

降水量是指从天空降落到地面上的液态或固态(经融化后)降水,未经蒸发渗透、流失而积聚在水平面上的水层深度。降水量以毫米(mm)为单位,保留一位小数。

单位时间内的降水量，称为降水强度(mm/d 或 mm/h)。按降水量强度的大小可将雨分为小雨、中雨、大雨、暴雨、大暴雨和特大暴雨等。降雪也分为小雪、中雪和大雪，如表 3-5 所示。

表 3-5　降水等级划分表

雨量等级	24h 降水量(mm)
小雨	0.1～10.0
中雨	10.1～25.0
大雨	25.1～50.0
暴雨	50.1～100.0
大暴雨	100.1～200.0
特大暴雨	＞200.0
小雪	≤2.4
中雪	2.5～5.0
大雪	＞5.0

(六)实验内容与步骤

(1)每天 08、14、20、02 时进行观测和记录。在炎热干燥的日子，降水停止后要及时进行补充观测，以免蒸发过速，影响记录。本次实验为 2 小时内的人工降水实验，时间学生自己调整和把握。

(2)降水量的观测方法：把储水瓶内的水倒入量杯中，用食指和拇指夹住量杯上端，使其自由下垂，视线与凹月面最低处平齐，读取刻度数，精确到 0.1mm 记入观测簿。

(3)读取记录纸的分时间段的降水量。

(4)观测自动气象站内的降水装置，了解其测定原理和传输方式，并在课后查阅历史记录。

(七)实验注意事项

(1)如因专用量杯被打破，需用其他的量杯代替时，就必须进行换算。例如雨量器半径为 r，用普通量杯测量储水瓶中降水的体积为 V，则降水量 R 为：

$$R = V/\pi r^2$$

例如，某日用普通量杯测量由直径为 20cm 的雨量器收集的降雨量的体积为 471cm^3，则此日的降雨量 R 为：$R = 471/3.14 \times 10^2 = 1.5\text{cm} = 15.0\ \text{mm}$。

(2)雨量器的安装。雨量器安置在观测场内不受四周仪器及障碍物影响的地方。器口距地面高度 70cm，并应保持水平。冬季积雪较深地区，应在其附近装一备份架子。当雨量器安装在此架子上时，器口距地高度为 1.0～1.2m。在雪深超过 30cm 时，就应把仪器移至备份架子上进行观测。

(3)观测站应在每天 08、14、20、02 时进行观测和记录。在炎热干燥的日子，降水停止后要及时进行补充观测，以免蒸发过速，影响记录。

(4)当没有降水时，降水量记录栏空白不填；当降水量不足 0.05mm 或观测前确有微量降水，但因蒸发过速，观测时已经没有了，降水量应记 0.0。

实验六　日照观测

(一)实验目的

了解暗筒式日照计的构造及原理、日照纸涂药和观测日照的方法。

(二)仪器用品

暗筒式日照计、日照纸、柠檬酸铁铵、脱脂棉。

(三)构造与原理

1. 仪器构造

日照计由金属圆筒、隔光板、纬度刻度盘和支架底座构成。金属圆筒底端密闭，筒口带盖，筒的两侧各有一个进光小孔，两孔前后位置错开，与圆心的夹角为120°，筒内附有压纸夹。圆筒固定在支架上，松开固定螺钉可绕轴旋转，使圆筒轴与地平角为当地纬度，使太阳一年四季在南北纬度23.5°变化时，就相当于在暗筒洞孔的垂直切面南北23.5°范围内变化，故一年内太阳光照射时，光线都会落到暗筒内。在春、秋分这两天阳光垂直筒身，感光线是一条垂直圆筒轴的直线，夏半年阳光偏于北半球，感光线位于直线的下方，冬半年阳光偏于南半球，感光线位于直线的上方。

2. 工作原理

暗筒式日照计是利用太阳光通过仪器上的小孔射入筒内，使涂有感光药剂的日照纸上留下感光迹线，如图3-6所示，通过计算迹线的长度确定一日的日照时数，隔光板的边缘与小孔在同一个垂直面上，它使太阳光除了在正午有1～2min可以同时射入两孔外，其余时间光线只能从一孔射入筒内。

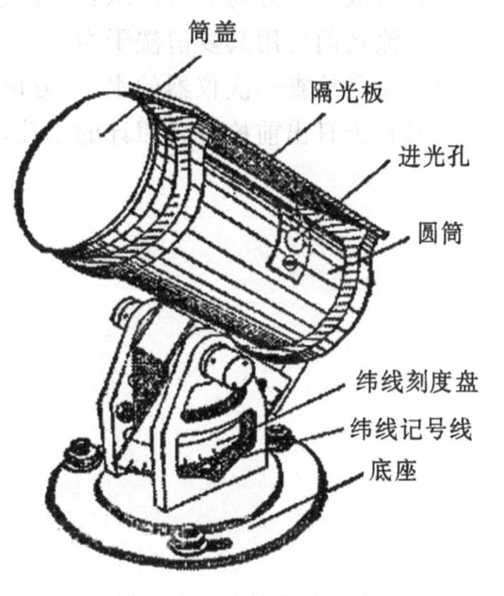

图3-6　暗筒式日照计

(四)操作步骤

1. 仪器的安装

日照计要安装在开阔的、终年从日出到日没都能受到阳光照射的地方。通常安装在观测场内或平台上，如安装在观测场内，首先埋设铁架(高度以便于观测为宜)，铁架顶部要安装一块水平而又牢固的台座，座面上要精确标出南北线，将日照计安装在铁架平台上，仪器底座要水平，筒口对准正北，并将日照计底座加以固定，然后转动筒身，使支架上的纬度记号线对准纬度盘上当地纬度值。如观测场无适宜地点，可安置在平台或附近较高的建筑物上。

2. 日照计自记纸的涂药

日照计自记纸使用前需在暗处涂刷感光药剂，日照记录的准确性与否与涂药质量关系密切。

所用药剂为显影药剂赤血盐($K_3Fe(CN)_6$)和感光药剂柠檬酸铁铵[$Fe_2(NH_4)_4(C_6H_5O_7)_3$]。

药液的配制方法为：赤血盐与水的比例为1∶10，柠檬酸铁铵与水的比例为3∶10，按此比例，将配好的药液分别存放于两容器中，每次配量以能涂刷10张日照纸为宜，以免涂了药的日照纸久存失效。

涂药方法为：将配制好的两种药液在暗处等量混合，均匀地涂在空白的日照纸上，或者先将柠檬酸铁铵药液涂刷在日照纸上，阴干后逐日应用，每天换下日照纸后，在感光迹线处用脱脂棉涂上赤血盐，便可显出蓝色迹线。

3. 日照计自记纸的更换和日照时数的计算

每天在日落以后换自记纸，即使是全日阴雨，没有日照记录，也应照常换下，以供日后查考。上纸时，将填好次日日期的日照纸（涂药一面朝里卷成筒状），放入金属圆筒内，使纸上10时线对准筒口白线，14时线对准筒底的白线，纸上的两个圆孔对准两个进光孔，压纸夹交叉处向上，将纸压紧，盖好筒盖。

当天换下的日照纸，应根据感光迹线的长短，在迹线下方用铅笔分别描划一直线，然后将日照纸放入足量的清水中浸漂3～5min拿出（全天无日照的自记纸，也应浸漂），阴干后，再重新检查感光迹线与铅笔线是否一致，如感光迹线比铅笔线长，则应补上这一段铅笔线，最后按铅笔线以十分法计算日照数。将各小时的日照时数逐一相加，精确到0.1h，即可得到全天的实照时数。若全天无日照，日照时数记为0.0。

（五）注意事项

（1）药液和涂好药的日照纸要严防感光。

（2）涂药前后用具要清洗干净。

（3）每月检查一次仪器的水平、方位、纬度和安置情况，发现问题，及时纠正。

（4）每天日出前检查日照计的小孔，检查有无被小虫、尘沙等堵塞或被露、霜等蒙住。

实验七 认读卫星图

(一)实验目的

(1)了解天气图的制作原理和方法;

(2)学会认读卫星天气图。

(二)卫星天气图的认读

中央电视台每晚播放天气预报节目时,最先播放的是一张卫星云图照片。卫星云图是由气象卫星摄取的地球大气的图像。卫星自动发射图像,地面即可接收并且显示出来。从卫星云图上可以真实地显示出云雨区域的位置、分布,尤其是能直观地显示预见台风、暴雨、寒潮等自然灾害出现的位置和强度,直接为工农业和群众生活服务。在卫星云图上,蓝色表示海洋,绿色表示陆地,白色表示云雨区。白色的程度愈浓,表明云层愈厚,这种云区下面往往是雨区。

在电视天气预报卫星云图以后,紧接着电视屏幕上出现的是天气形势图和天气预报图。在天气预报图上,有各种各样的符号。只要识别天气符号,就能看懂这种简易的天气预报图了。

具体地认读卫星天气图中的各气象要素和变化比较。

(三)课后思考题

提供气象网站和天气预报网站,同学们课后主动搜寻卫星云图并分析。

实验八　气候资料的统计分析

(一)实验目的

(1)了解气候资料的统计分析的一般性原则和方法;

(2)了解地面基本气象与气候资料的观测月报表的内容;

(3)结合气象实习的内容和要求开展气候资料的调查;

(4)掌握温度、湿度、降水、风和日照百分率的统计方法。

(二)气象资料的汇总

每天观测到的气象和气候资料记录在观测记录簿和自记纸上,这是地面气象观测的原始记录。每天要将原始资料按要求和规定进行整理,并在该月终了时将该月每日的资料整编和统计成《地面基本气象观测月报表》;每年终了,将该年各月资料整编成《地面基本气象观测年报》。它们是气象资料的主要来源。

《地面基本气象观测月报表》的资料整编,应将气温、气压、水汽压、相对湿度、云量、地温等项目作成各定时(02、08、14、20)及日合计、日平均栏,各旬应作旬计,下旬应作平均,月终应作月合计、月平均。

旬、月合计、平均值,均用纵行统计,而该月每日四次的定时观测累加值即日合计,除以4为日平均值,应作横行统计。

(三)基本气候指标的统计方法

在气象资料整理工作中,最基本的气候指标有总数、平均值、极值、较差、频率、变率等。

1.总数

有些气候要素需要用总数表示,例如,日照、降水、积温等,需要统计在某一时段(如日、月、年)内的总数。总数(X)的计算公式为:

$$X = X_1 + X_2 + \cdots + X_n$$

式中:$X_1, X_2, \cdots, X_n$为该时段内每次观测记录的数值。

例如,月降水量为该月各降水日的日降水量的总和,年降水量为一年12个月各月降水量的总和。

又如,积温就是温度的总和,积温通常用来表述某地的热量条件。积温有活动积温和有效积温两种统计法。活动积温是指在作物生长期内,高于生物学最低温度(如≥5℃、≥10℃、≥15℃等)的日平均温度的累积,如某地某年在4月21日至10月7日之间,169天的日平均温度均在15℃以上,这169天的日平均温度的总和,就是该地这一年≥15℃的积温。有效积温是指活动温度与生物学最低温度之差值的累积。如上例在每日日均温中减去15℃之后,所余每日差值的累积,即为该地的有效积温。

2.平均值

通常用的平均值,多为算术平均值(还有滑动平均值)。平均值有日、候、旬、月、年等时段的平均值。

统计方法是将某一气象要素的观测记录资料,逐次、逐日、逐月或逐年相加,除以相加的次数(n),就可得该时段的平均值($\overline{X}$),计算公式如下:

$$\overline{X}=\frac{(X_1+X_2+\cdots+X_n)}{n}$$

现以气温的平均值为例,说明各种平均值的计算法。

(1)日平均气温。在一天有 24 次(每小时一次)观测记录的气象资料,将 24 次观测记录值相加,除以 24,就得出该日的日平均温。一般气象站只有四次观测,其日均值就是四次观测值的平均数。若每日只有 08、14、20 时三次观测的气象站或学校气温资料,其日均温的计算方法是:用当天最低气温和前一天 20 时的观测值的平均值,代替 02 时的气温值,与其他三次观测值相加,除以 4,其商即是日平均气温。日平均气温是各种平均气温统计的基础。

观测三次的相对湿度、地温等日均值的计算,则为:2×08 时观测值与 14 时和 20 时的观测值相加除以 4。

(2)候平均气温。候平均气温是以 5 日为时段的日均温的算术平均值。每月分为 6 候,不足或超过 30 天的月份,最后一候可跨月计算。全年为 73 候。

(3)旬平均气温。旬平均气温平均气温是以 10 天为时段的日均温的算术平均值。每月分上、中、下三旬,下旬为 10 天或 11 天(2 月除外)。

(4)月平均气温。月平均气温是某月各日日均温的算术平均值。

(5)年平均气温。年平均气温是一年 12 个月月平均气温的算术平均值。

在表述一地气候特征或气候形成时,常用各气候要素的多年平均值。如地理书中所说某地年平均气温,即指该地多年年平均气温的算术平均值。

3. 众数

众数是指某一气象要素的一系列数值中,出现频数最多的数值,它能代表大多数情况。有些气象要素的算术平均值没有什么意义,如风向。北京某年一月份风向出现次数最多的是北风,其次是西北风。

4. 极值和较差

平均值只能表示某一气候要素在一定时期内的平均状况,而不能说明其变化情况,因此,需要用极端值和较差表述某气候要素的变化情况。

(1)极值。

极值有绝对极值和平均极值两种。绝对极值即观测时期内所出现的最大(高) 值和最小(低)值。如某地 7 月的绝对最高气温 38.0℃,是指该地某年 7 月每日最高气温中的最高值;而 7 月的平均最高气温为 35.1℃,是指该月某日最高气温的算术平均值。前者为绝对值,后者为平均极值。

(2)较差。

较差,又称振幅,是指同一时期内某气象要素最大值和最小值之差,如日较差、年较差等。绝对最大值和绝对最小值之差,称为绝对较差,表示所统计时期内某气象要素的最大变动范围。例如,某地多年绝对最高气温为 40.3℃,绝对最低气温为－11.2℃,则该地的气温绝对较差为 51.5℃。平均最大值和平均最小值之差,称为平均较差。例如某地 1 月平均气温(月平均 气温最大值)为－50.1℃,7 月平均气温(月平均气温最大值)为 15.1℃,则该地的平均年较差为 65.2℃。

5. 距平和变率

(1)距平。

个别年(月)份气象要素值(x)与多年(或月)平均值($\overline{X}$)之差，称为距平(d)，即 $d = x - \overline{X}$。例如，某水文站年平均降水量为 1143.0mm，而实际每年降水量，有的大于多年平均值，有的小于多年平均值；大的为正距平，小的为负距平。将各年距平的绝对值相加除以统计的年数，则为平均距平，即

$$d = \frac{d_1 + d_2 + \cdots + d_n}{n}$$

(2)变率。

变率有绝对变率和相对变率两种，上述平均距平值即为绝对变率。平均距平值与年平均值的百分比为相对变率(D)：

$$D = \frac{d}{\overline{X}} * 100\%$$

在进行降水量统计时，除为分月、分年统计其平均降水量外，特别要注意其极值(最大和最小年降水量)和变率。例如，某水文站 1983 年的记录，年平均降水量为 1143.0 mm；而 1941 年降水量达 1659.3 mm，正距平为 516.3 mm，最大正变率为(+)45.2%；1872 年降水量则只有 709.2 mm，该年负距平为－433.8 mm，最大负变率为(－)38.0%。该站的年降水量平均相对变率为 11%。

6. 频率

频率是指某气象要素在一定时段内出现的次数与该时段内观测总次数的百分比。例如，某地某年 6 月份每晚 20 时观测曾出现雷暴 8 次，则该地 6 月份 20 时出现雷暴的频率为 8÷30×100%＝26.7%。又如某地 6 月份平均气温在 22.0℃～27.0℃范围内变动，经常出现在 23.0℃～26.0℃范围内的频率是 87.5%。可见，频率能表示一地某气候要素在某一时段内出现的频繁程度，它对表述一地气候特征也是非常必要的。

(四)气候统计图的绘制

为了将整理后的气候资料更醒目地表示出来，可绘制成气候统计图，如面积图、曲线图、直方图和多边形图等。

1. 面积图

面积图是以圆面积代表某一气候要素值出现的总次数，用圆内扇形面积表示此要素在不同情况下出现的次数的相对值(占总数的百分比)。

2. 直方图和曲线图

对于连续性变化的气象要素，如气温，常用曲线图表示；对于连续性较差的气象要素，如降水，则常用直方图表示。

绘制气温变化曲线图，是以横坐标表示日期，纵坐标表示温度。绘制气温年变化曲线图，要求温度变化曲线平滑，则可先作气温直方图，然后根据直方图画出气温的年变化曲线。绘制气温直方图，是以横坐标表示月份(1 cm 代表 1 月)，纵坐标表示月平均温度(1 cm 代表 1℃)。先将各月平均温度标在该月月中的相应位置上，然后逐月作直方图，直方块高为月平均温度，底为月份。直方块的面积表示全月各日温度总和。连接温度年变化曲线时，用光滑曲线，使其从直方块一边切去的面积和从另一边增加的面积相等。这样全月的温度总和并未改变。

一年中各月降水量大小，常用直方图表示。

3.极坐标图

极坐标图通常用来表示风向频率,又称风向玫瑰图。绘制方法是由中心向外画出几个同心圆,用以代表风的频率值,再从中心引出八条线代表八个方位,联接各方位频率值便可绘成一个风向玫瑰图,从而可以看出该地某一时期的各风向频率的大小。

(五)气象要素统计

1.日总量统计

降水量、蒸发量、日照时数观测的是日总量,不统计平均。

2.月极值及出现日期的挑选

最高、最低气温,地面最高、最低温度等气象要素的月极值及出现日期,分别从逐日相关栏中挑取,并记其相应的出现日期。

3.月日照百分率的计算

月日照百分率是指某月日照总时数占该月可照时数的百分比。

第四章 水文学实验

水文测验，总的来说应包括各种水体的理化性质和运动要素的观测或测验。水文观测是水文理论研究、自然地理环境研究和水文工作的基础。通过对水文测验资料的分析，可以探索水文规律和自然地理环境的变化规律。

实验一 水位观测

（一）目的与要求

掌握基本的水位观测方法，学会应用水位推求流量，以便简化测流工作。

（二）主要内容

（1）用直立式水尺观测河流水位；

（2）计算水位与日平均水位。

（三）仪器用品

直立式水尺、记录表、铅笔。

（四）原理方法

直立式水尺是应用最普遍的水尺形式。在水位年变幅不大、流冰、浮运等对水尺危害不严重的河流上多采用。这种水尺多用木料或搪瓷等材料做成，安装在河谷边坡，打入地下的靠桩上。如河谷边坡陡，设一根水尺即可。河谷边坡缓，可分段设立若干水尺。

水位是指河流某处的水面高程。因此，设立水尺时要先测出水尺的零点高程，每次观测水位时，水尺读数与水尺零点高程之和即为水位。

用水尺观测时，应按要求的观测次数观读、记录水尺读数。观测次数，视河流及水位涨落变化情况而定，以能测得完整的水位变化过程，满足日平均水位计算的要求为原则。在水位平稳时，每日 08h 观测一次。水位变化缓慢时，每日 08h、20h 观测两次。水位变化较大时，每日 02h、08h、14h、20h 观测四次。洪水期或水位变化急剧时，要增加观测次数，以能测得各次峰谷和完整的水位变化过程为原则。

（五）操作步骤

（1）在河谷边坡设置水尺或到附近水文站进行水位观测；

（2）用肉眼直接读取水面截于水尺上的读数并记录；

（3）计算水位、日平均水位。

（六）注意事项

直接用肉眼读取水面截于水尺上的读数时，应注意折光的影响；在有风浪且无静水设备时，应读记波浪的峰顶和谷底在水尺上所截两个读数的均值；或以水面出现瞬间静的读数为准，并连续观读 2～3 次，取其均值。

实验二 河流泥沙含量测验

(一)目的与要求

通过实验初步掌握河流悬移质含沙量测验的基本方法，学会根据测量资料计算河流泥沙含量，为自然资源开发利用调查和流域自然地理特征分析打基础。

(二)主要内容

(1)河流悬移质的取样和处理；

(2)计算河流悬移质含沙量及输沙率。

(三)仪器用品

采样器、水瓶若干、测验记录表，以及室内分析用的烘箱、滤纸、量筒等。

(四)原理方法

河流含沙量是指单位体积浑水中所含泥沙的重量。因此，含沙量的测验基本方法就是取水样和水样的处理分析取得泥沙的重量。测定悬移质含沙量的方法很多，有泥沙采样器测量法、含沙量光度测量法、放射性同位素测量法，本实验主要用采样器测量法，以横式和瓶式采样器为主。

1. 取水样

利用采样器在预定的测点或垂线上取水样。取样时，应同时观测水位及取样处的水深，并测定取样垂线的起点距，做好记录。

2. 水样处理

(1)量积：用量筒量出水样体积。量积时要注意倾倒水样不得使每个水样的水量和泥沙有所增减，同时应将水样及容器编号记录清楚，以免混乱。

(2)沉淀：将全部水样自量筒倒入澄清筒内，进行沉淀。沉淀所需要的时间根据泥沙颗粒大小及不同的沉降速度由试验而定。水样经沉淀后，将清澈的水用虹吸管吸出。注意不要扰动沉淀的泥沙。

(3)过滤：把经过沉淀浓缩后的水样进行过滤。滤纸必须事先烘干称重，并进行编号。

(4)烘干：将滤纸上的泥沙放到烘杯内烘干。烘箱温度保持 100℃～110℃。烘干时间一般为 5 小时。烘干后的沙洋放在干燥器内冷却，以免湿空气侵入。

(5)称重：烘干后的沙样连滤纸一起放到天平上称重，称得的重量减去滤纸的重量，即为干沙的重量。

3. 含沙量计算

测得干沙重量后，按下式计算含沙量：

$$p = \frac{W_s}{V} * 10^{-3}$$

式中：p——实测含沙量(kg/m^3)；

W_s——水样中干沙重(g)；

V——水样体积(cm^3)。

(五)注意事项

(1)用积点法或定比混合法时,当采样器放到每一个测点后,均须稍停片刻,待水流正常再操纵仪器开关采取水样。在采取河底一点的水样时,应使采样器高于河底0.1m以上,以免扰动河底泥沙,影响取样的代表性。

(2)在靠近水边取样时,应避开坍岸或其他类似影响。

实验三 湖泊水物理性质测定

(一)目的与要求

通过实验掌握有关湖泊水物理性质的测定方法,了解湖泊水有关物理性质的分布变化规律,以加深对课堂讲授理论知识的理解。

(二)主要内容

测湖泊水的水温、透明度和水色。

(三)仪器用品

深水温度计、透明度板、水色计、记录表等。

(四)原理方法

1. 水温测定

湖水热量来源主要是太阳辐射能,而热量的消耗主要是蒸发。同时,由于水的热容量大,导热率小,故在混合较弱和水深较大的情况下,上下层水温就有较大的差别。故可测出不同深度的水温,以便了解湖水温度的垂直分布情况。

(1)测定水面以上空气的温度;

(2)测定水面的水温;

(3)测定水面以下每隔 10m 水深的水温。

2. 透明度的测定

湖水的透明度是指湖水的能见度,也就是湖水的清澈程度。因此,湖水透明度的测定就是测定湖水的透光能力。

在船甲板的避光处,将直径 30cm 的白色圆盘(透明度板)垂直放入水中,当隐约可见白色圆盘时,从水面到白色圆盘的水深便是透明度值,把其数据值记入表中。重复测 2 至 3 次,取其平均值,便为湖泊该处的透明度。

3. 水色的测定

湖泊的水色是指自湖面及湖水中发出于湖面外的光的颜色。水色可根据水色计目估确定。水色计是由 21 支无色玻璃管内分别密封 21 种不同色级构成的,颜色由深蓝到黄绿直到褐色,并以号码 1～21 代表水色。

由于水色的决定因素与透明度相同,故其测定可在透明度测定后紧接着水色计进行比色测定。将透明度板提到透明度一半的水层里,用水色计对比透明度板上所呈现的湖水颜色,找出水色计上最近似的色级号码,即为所观测的湖水水色。

(五)注意事项

(1)测定水温时,每个测定点水温计放入水中的时间应不少于 5 分钟。

(2)测定透明度时透明度板必须是清白的;绳索使用前必须经缩水处理,测定前应检查尺度标记是否准确;用完之后必须用抹布抹净晾干后保存。

(3)测定水色时,水色计应与观测者的视线垂直;观测完毕后,水色计必须保存在阴暗干燥的地方,且勿让日光照射,以免褪色。

实验四　绘制三大洋平均水温垂直分布曲线图

(一)目的与要求

掌握水温垂直分布曲线图的绘制方法，了解三大洋垂直水温分布规律。

(二)主要内容

(1)绘制三大洋平均水温垂直分布曲线图；

(2)根据绘出的图分析三大洋垂直水温分布规律；

(3)对比三大洋之间水温垂直分布的异同。

(三)仪器用品

坐标纸、铅笔、彩色铅笔。

(四)方法步骤

(1)以纵坐标为水深，横坐标为水温，分大洋按顺序把坐标点绘在第四象限里，然后按顺序把坐标点连成一圆滑曲线，并标明图例和写上图的名称。

(2)根据画出的图分析各大洋水温垂直分布规律的异同。

(五)作业

根据所给资料(见表 4－1)，在同一坐标图上绘出 4 条水温垂直分布曲线。

表 4－1　三大洋 40°N 至 40°S 之间平均垂直水温

深度(m)	温度(℃)				深度(m)	温度(℃)			
	太平洋	大西洋	印度洋	平均		太平洋	大西洋	印度洋	平均
0	21.8	29.0	22.2	21.3	1000	4.3	4.9	5.5	4.9
100	18.7	17.8	18.9	18.5	1200	3.5	4.5	4.7	4.2
200	14.3	13.4	14.3	14.0	1600	2.6	3.9	3.4	3.3
400	9.0	9.9	11.0	10.4	2000	2.5	3.4	2.8	2.8
600	6.4	7.0	8.7	7.7	3000	1.7	2.6	1.9	2.1
800	5.1	5.6	6.9	5.9	4000	1.5	1.8	1.6	1.6

实验五 绘制水位/流量关系曲线图

(一)目的与要求

掌握水位/流量关系曲线图的绘制和使用方法,加深对课堂所学理论知识的理解。

(二)主要内容

(1)绘制水位/流量关系曲线图;

(2)分析在一次涨落水过程中,水位/流量关系点的分布及其原因;

(3)用水位推求其流量。

(三)仪器用品

坐标纸、铅笔、彩色铅笔。

(四)方法步骤

(1)为分析水位/流量关系的变化规律,取用一次涨落水过程的水位和相应的流量资料,以纵坐标为水位(H),横坐标为流量(Q),把水位和对应流量点绘在坐标纸上,再经过点群中心画出一条平滑的曲线,并写上图的名称。

(2)分析在涨落水的过程中,水位相同时,水位/流量关系点分布的情况及其原因。

(3)用水位值 73m、74m、75m 在已绘制的水位/流量关系曲线图上,推求流量的相应数值。

(五)作业

(1)用给定的水位、流量资料(见表 4-2)绘制水位/流量关系曲线图;

(2)分析所绘曲线图,说明在涨落水过程中水位/流量关系点分布的不同及其原因;

(3)在所绘曲线图上,用已知水位值推求流量。

表 4-2 1960 年 8 月 9 日至 13 日广州从化流溪河牛心岭水位流量资料

时间(日/时)	9/20	10/2	10/5	10/11	10/14	10/17	10/22	11/4
水位 H(m)	71.51	71.72	71.72	71.69	71.87	72.45	74.03	75.05
流量 Q(m^3/s)	15.5	27.8	27.8	25.8	37.5	96	326	477
时间(日/时)	11/6	11/7	11/8	11/9	11/10	11/12	11/16	11/20
水位 H(m)	75.29	75.41	75.45	75.47	75.48	75.41	75.28	75.18
流量 Q(m^3/s)	513	527	529	530	528	519	491	470
时间(日/时)	11/24	12/6	12/11	12/17	12/23	13/5	13/14	13/18
水位 H(m)	75.89	74.21	73.65	73.27	73.08	72.90	71.76	72.75
流量 Q(m^3/s)	421	316	236	187	164	141	126	125

第五章 土壤学实验

土壤是自然地理环境六大组成要素之一。为加深学生对土壤地理理论知识学习的理解和培养学生实际观察、分析土壤的技能，本章配合《自然地理学》的教学，选编了若干理化性质的室内分析实验。

实验一　土壤剖面调查与观测

土壤的外部形态是土壤内在性质的反映。土壤的剖面形态全面地反映并代表了土壤发生学特征、物质组成、性质及其综合属性，以及土壤景观的总体特征。它是诊断土壤性状的基础和进行土壤分类的重要依据。

(一)实习目的

(1)通过土壤的外部形态来了解土壤的内在性质，初步确定土壤类型，判断土壤肥力高低；

(2)为土壤的利用改良提供初步意见；

(3)在土壤基本形态观察的基础上，掌握土壤剖面形态的观察描述技术。

(二)实验器材

铁锹、门赛尔比色卡、土壤坚实度、皮尺、剖面刀、铅笔、塑料袋、标签、纸盒、土壤剖面记载表、文件夹。

(三)土壤剖面的观察与记载

1. 土壤剖面位置的选择及挖掘

土壤剖面的选择必须具有代表性，切忌在道旁、沟边、肥堆及土层经过人为翻动或堆积的地方挖掘剖面和采取样品。

在选择有代表性地点后，挖长约 2m，宽 2m，深 1～1.5m 的土坑(如地下水位较高，达到地下水时即可)，将朝阳的一面挖成垂直的坑壁，而与之相对的坑壁挖成每阶为 30～50 厘米的阶梯状，以便上下操作(如图 5－1 所示)。

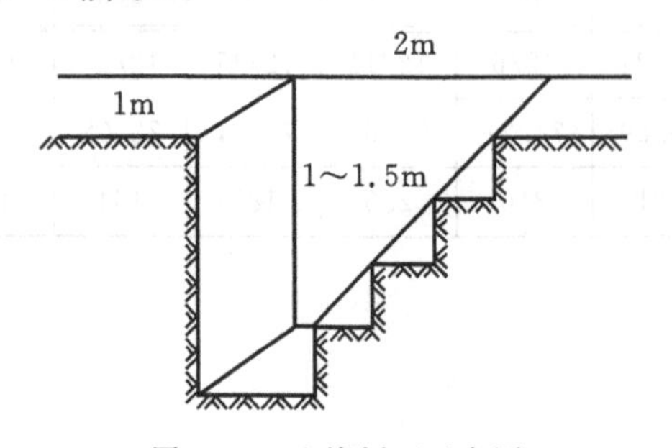

图 5－1　土壤剖面示意图

在挖剖面时要注意观察朝阳面，观察面上端不准堆土，也不准站人踩踏，以保持土壤的田间自然状况，挖出的土堆在土坑长边的两旁，表土与心土分别堆放，观察与记载结束后，必须将土坑先心土后表土进行填平。

2.剖面观察记载

(1)层次的划分与深度。

首先站在剖面坑上大致观察，依据土壤的颜色、质地、结构、根系的分布情况将剖面分成几层，然后再进入剖面坑内，详细观察，进一步确定层次，最后用剖面刀将各层分别划出，在剖面记载表上分别记录各层起止深度。

①土壤发生层次及其排列组合特征，是长期而相对稳定的成土作用的产物。目前国际上大多采用O、A、E、B、C、R土层命名法。即O层：有机层；A层：腐殖质层；E层：淋溶层；B层：淀积层；C层：母质层；R层：基岩层。

此外，还有一些由上述有关土层构成的过渡土层，如AE、EB层等。若来自两种土层的物质互相交错，且可以明显区分出来，则以斜线分隔号“/”表示，如E/B、B/C。

②农业土壤剖面。农业土壤剖面一般分为四层：

耕作层：经多年耕翻、施肥、灌溉熟化而成。颜色深、疏松、结构好，是作物根系集中分布的层次，一般深度在15～20cm，代号A。

犁底层：长期受犁、畜、机械的挤压，土壤紧实，有一定的保水保肥作用。一般厚6～8cm。如果犁耕深度经常变化，或质地较粗的砂质旱地，该层往往不明显，代号P。

心土层：此层受上部土体压力而较紧实，耕作层养分随水下移淋溶到此层，受耕作影响不深，根系分布较少，厚度一般约为20～30cm，代号B。

底土层：位于心土层以下，不受耕作的影响，根系极少，保持着母质或自然土壤淀积层的原来面貌，还可能是水湿影响的潜育层，或冲积物形成的冲击层，代号C。

土层划分之后，用钢卷尺从地表往下量取各层深度，单位为厘米(cm)，以与残落物接触的矿质土表为零点，分别向上、向下量得，并写深度变幅。如：O：4/6～0cm；A：0～17/22cm；B：17/22～34/36cm。

(2)土壤颜色。

土壤颜色均以门赛尔土壤比色卡表示，命名系统是用颜色的三属性，即色调、亮度和彩度来表示的。色调即土壤呈现的颜色；亮度指土壤颜色的相对亮度，把绝对黑定为0，绝对白定为10，由0到10逐渐变亮；彩度指颜色的浓淡程度，例如：5YR 5/6表示色调为亮红棕色，亮度为5，彩度为6。并同时描述干色(指风干时)与润色(指在风干土上滴上水珠，待表面水膜消失后的颜色)。比色时应当注意：土块应是新鲜的断面，表面要平；光线要明亮，在野外不要在阳光下比色，室内最好靠近窗口比色。

(3)干湿度。

干湿度可分以下四级：

①干：放在手中丝毫无凉的感觉，吹之尘土飞扬。土壤水分在凋萎系数以下(>15巴)。

②润：放在手中有微凉感觉，吹之无尘土飞扬。土壤水分高于凋萎系数，低于田间持水量(0.33～15巴)。

③潮：放在手中挤压，无水流出，但有湿印，能握成团状而不散。土壤水分高于田间持水量(0.01～0.03巴)。

④湿：放在手中，稍微挤压，水分即从土中流出。土壤空隙中充满水分(<0.01 巴)。

(4)土壤结构。

土壤结构是指在自然状态下经外力掰开，沿自然裂隙散碎呈不同形状和大小的单位个体。通常沿用苏联土壤学家查哈罗夫的长、宽、高三轴发展的分类法。一般分为团粒状、核状、块状、棱柱状、柱状、碎块状、屑粒状、片状、鳞片状等。

(5)土壤质地。

新中国成立后我国一直采用苏联卡庆斯基制，但因美国土壤系统分类及联合国土壤图中均采用美国制，且上述分类流行颇广。我们现将美国 C. F. Shaw 的简易质地类型简述如下，供野外应用。

①砂土：松散的单粒状颗粒，能够见到或感觉出单个砂粒，干时若抓入手中，稍一松手后即散落，润时可呈一团，但一碰即散。

②砂壤土：干时手握成团，但极易散落，润时握成团后，用手小心拿起不会散开。

③壤土：松软并有砂粒感、平滑、稍粘着。干时手握成团后，用手小心拿起不会散；润时握成团后，一般性触动不至散开。

④粉壤土：干时成块，但易弄碎，粉碎后松软，有粉质感。湿时成团和为塑性胶泥，干、润时所呈团块均可随便拿起而不散开。湿时以拇指与食指搓捻不成条，呈断裂状。

⑤粘壤土：破碎后呈块状，土块干时坚硬。湿土可用拇指和食指搓捻成条，但往往经受不住它本身的重量，润时可塑，手握成团，手拿时更加不易散裂，反而变成坚实的土团。

⑥粘土：粘土干时常为坚硬的土块，润时极可塑，通常有粘着性，手指间搓成长的可塑土条。

国际制与苏联制指感鉴定标准见表 5-1。

表 5-1 土壤质地指感法鉴定标准

号	质地名称		土壤状态	干捻感觉	能否湿搓成球(直径/厘米)	湿搓成条状况(2 厘米粗)
	国际制	苏联制				
1	砂土	砂土	松散的单粒状	捻之有沙沙声	不能成球	不能成条
2	砂质壤土	砂壤土	不稳固的土块轻压即碎	有砂的感觉	可成球，轻压即碎，无可塑性	勉强成断续短条，一碰即断
3	壤土	轻壤土	土块轻搓即碎	有砂质感觉，绝无沙沙声	可成球，压扁时，边缘有多而大的裂缝	可成条，提起即断
4	粉砂壤土	—	有较多的云母片	面粉的感觉	可成球，压扁边缘有大裂缝	可成条，弯成 2 厘米直径圆即断
5	粘壤土	中壤土	干时结块，湿时略粘	干土块较难捻碎	湿球压扁边缘有小裂缝	细土条弯成的圆环外缘有细裂缝

续表 5-1

号	质地名称		土壤状态	干捻感觉	能否湿搓成球（直径/厘米）	湿搓成条状况（2厘米粗）
	国际制	苏联制				
6	壤粘土	重壤土	干时结大块，湿时粘韧	土块硬，很难捻碎	湿球压扁边缘有细散裂缝	细土条弯成的圆环外缘无裂缝，压扁后有
7	粘土	粘土	干土块放在水中吸水很慢，湿时有滑腻感	土块坚硬捻不碎，用锤击亦难粉碎	湿球压扁的边缘无裂缝	压扁的细土环边缘无裂缝

(6)松紧度。

松紧度是反映土壤物理性状的指标。目前测松紧度的方法，名词术语概念尚不统一。有的用坚实度，有的用硬度。坚实度是指单位容积的土壤被压缩时所需要的力，单位是 $kg \cdot cm^{-2}$(公斤/厘米^2)；硬度是指土壤抵抗外力的阻力(抗压强度)，单位用 Pa(帕)表示。因此，松紧度应用特定仪器来测试。

测定土壤坚实度可使用土壤坚实度计，其使用方法如下：

①首先判断土壤的坚实状况，选用适当粗细的弹簧与探头的类型。

②工作前，弹簧未受压前，套筒上游标的指示线，如为 kg(公斤)时应指于零点，如深度为 cm(厘米)时，应指于 5(厘米)处。

③工作时，仪器应垂直于土面(或壁面)，将探头揿入土中，至挡板接触到土面即可从游标指示线上获得读数，即探头的入土深度(cm)和探头体积所承受的压力(kg)。

④根据探头入土深度、探头的类型、弹簧的粗细，再查阅有关土壤紧实度换算表，即得到土壤紧实度的数值(kg/cm^2)。

⑤每次测定完毕，必须将游标推回原处，以便重复测定，但必须防止游标产生微小滑动，以免造成测定误差。

⑥工作结束，坚实度计必须擦刷干净，防止仪器生锈，以保证仪器测定的精度。

在没有仪器的情况下，可用采土工具(剖面刀、取土铲、土钻等)来测定土壤的紧实度，其标准大体如下：

①极松：土钻、铁铣等放在土面，不加压力即能自行进入土中，如砂土。

②松：稍加压力，土钻、铁铣即能进入土体，如壤土。

③紧：土壤结构较紧，必须用力，土钻、铁铣才能进入土中，如粘土、轻粘土。

④极紧：需用大力才能使铁铣进入土中，但速度慢，取出不易，且取出后有光滑的表面，如重粘土及具有柱状结构的心土层等。

(7)空隙。

空隙指土壤结构体内部或土壤单位之间的空隙。空隙可根据土体中空隙大小及多少表示。见表 5-2。

表 5-2 土壤空隙鉴定标准

空隙分级	细小空隙	小空隙	海绵状	蜂窝状	网眼状
孔径大小(mm)	<1	1～3	3～5	5～10	>10

(8)新生体和侵入体。

由于土壤多种利用的结果，在土层中往往出现特点不同的新生体。如石灰结核、铁锰结核、锈纹锈斑、盐斑、假菌丝等，野外观察时，详细记载各种新生体的种类、性状、坚实度和厚度，在剖面中分布的特点，开始出现和终止出现的深度，大量集中的深度。根据新生体的种类、数量和分布层位，能够有助于我们判断土壤形成作用的方向与性质，并且也能借以判定土壤发育的条件，同时，砂姜层(钙积层)出现的深浅还直接影响农业生产。

侵入体包括土壤的砖块、瓦片、岩石碎块、死亡动物的骨骼、贝壳等，它们的存在与土壤形成作用一般没有直接的关系，但可以用来判断母质来源和古土层的存在情况。

(9)根系。

根系的描述标准可分为四级，见表 5-3。

表 5-3 土壤根系鉴定标准

描述	没有根系	少量根系	中量根系	大量根系
标准(根条数/厘米^2)	0	1～4	5～10	>10

(10)一般在野外测定的项目。

一般在野外测定的项目为：

①碳酸盐反应：用 10%HCl 试之，一般分下列几级：

无石灰性反应：不起泡沫，碳酸盐含量<1%，以“—”表示。

微石灰性反应：有微量泡沫，但消失很快，碳酸盐含量为 3%～5%，以“＋”表示。

中石灰性反应：有较强烈的泡沫，但不能持久，碳酸盐含量为 3%～5%，以“＋＋”表示。

强石灰性反应：泡沫强烈而持久，碳酸盐含量>5%，以“＋＋＋”表示。

②土壤 pH 值：用酸碱指示剂测定各层土壤的反应。

(四)纸盒标本采集

采集的方法是：

(1)由下而上依次在各层中选择有代表性的典型部位，逐层采集原状土，拿出结构面，尽量保持原状，分别依次放入纸盒各层中，结构面朝上。

(2)在纸盒底左侧用铅笔注明编号及各层深度。

(3)在盒盖上同样用铅笔注明剖面编号、土壤名称、采集地点、层次及深度、采集人、采集日期等。

(4)采妥后用橡皮筋束紧，勿倒置，勿侧放，带回实验室风干保存。

实验二 土壤样品的采集

(一)目的

为了解土壤资源情况,除在实地进行土壤剖面形态的观察外,还需要采集土壤样品标本或分析样品,以便进行各项理化性质的测定。

(二)样品采集的原则

代表性、典型性、随机性、均匀性、适时性。

(三)样品的类型

1.根据是否保持土壤的原有结构分类

(1)扰动型样品:原有结构不要求保持土壤的原有结构,适用于大部分测定项目。

(2)原状土样品:要求最大限度地保持土壤原有结构,适用于土壤物理形状和某些化学性质的测定。

2.根据采样点数分类

(1)单点样品:每个样品只采一个点,包括扰动型样品和原状土样品,多用于地学或环境方面的研究;

(2)混合样品:由若干相邻近样点的样品混合而成,只适于采集扰动型样品,常用于农田和田间试验的田块。

(四)实验器具

土钻、土刀、铁锹、锄头、土袋、土盒、标签、卷尺、环刀。

(五)混合土壤采样

(1)采样点的选择:样点应根据地形和土壤的利用方式(草坪、树木)确定,尽量做到样点要具备代表性。确定样点后,在每个样点内进行采样。

(2)取样方法:根据地的大小,采用S型取样。取样点控制在10～15点,把各取样点的土混合在一起,成为一个土壤样品。土壤取样方法见图5-2。

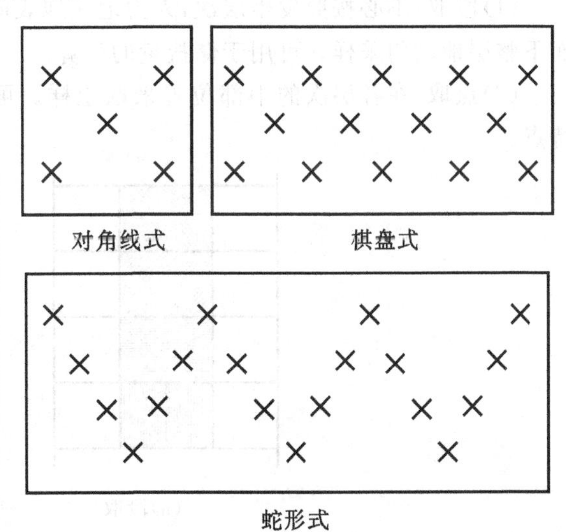

图5-2 土壤取样方法

(3)取样深度:草坪土壤调查为0～20cm的土壤,灌木或者树木调查为20～40cm。为了不破坏植被,可采取土钻取样。

(4)混合土壤样品的取舍:S型取10～15个点,混合后成为一个土壤样本。但是由于多点取样,土壤的量很大,我们不需要这么多的土,可采用四分法将土壤减量,如图5-3所示。四分法的方法是:将采集的土壤样品弄碎,去除石块、植物大的根系等,充分混合并铺成四方形,划分对角线将其分成四份，取其中的对角的两份，弃另外两份。如果所得的土壤样品仍然很多，可反复进行，最后将土壤样品控制在1Kg左右。土壤样品袋可以选用干净结实的塑料袋。同时填写好土壤调查表以及做好标签放入土壤中，如果土壤很湿，在外部也要放一个标签，这时可以用记号笔写在塑料袋子上。

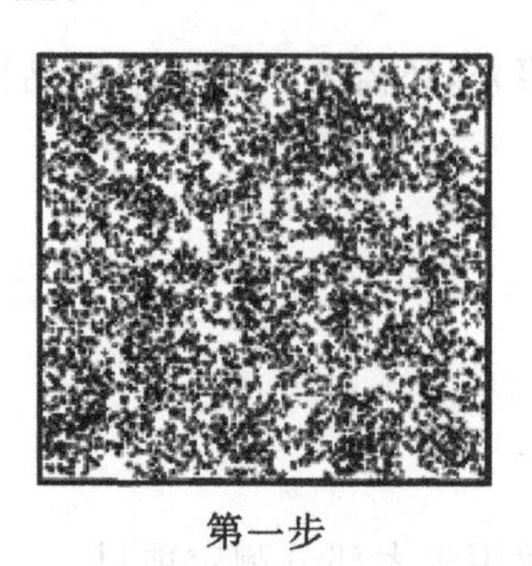

第一步

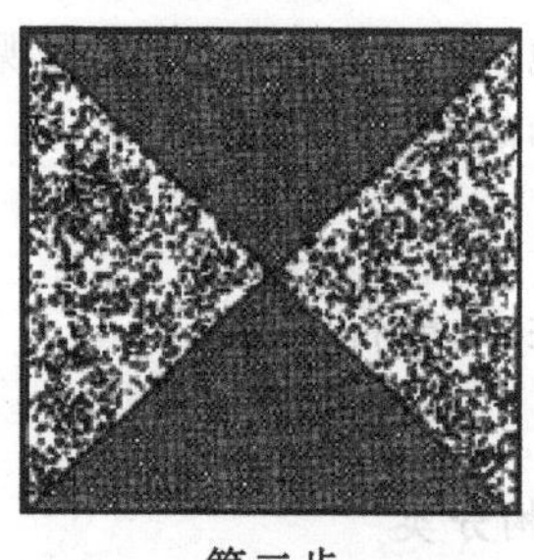

第二步

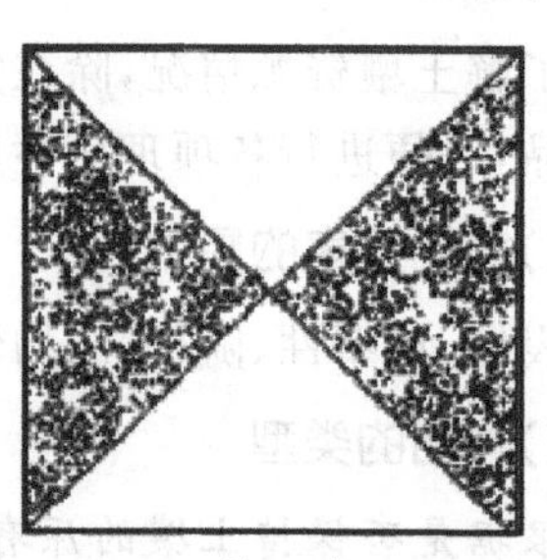

第三步

图5-3　土壤样品的取舍

(5)土壤样品的保管：采集回来的土壤样品放在干燥无污染的地方，打开塑料袋口，通风干燥。防止标签或字迹丢失，防止其他杂物混入。

(六)特殊土样的采集

1.剖面土样的采集

(1)挖剖面。

(2)划分层次。

(3)自下而上分层采样，以免采取上层土样时对下层土壤的混杂污染。通常在各层次的最典型的中部采取土样，这样可以克服层间的过渡现象，使样品能明显地反映各层次的特点。采样的其他要求与混合样品相同。

2.土壤盐分动态样品的采集

(1)段取，不必按照发生层次，人为地从地表向下进行等段或不等段划分。同一段中，自上而下整层地均匀采样。可用于储盐量的计算。

(2)点取，在各层次的中部位置采取土样。可用于研究盐分或其他物质在剖面中的分布特点。

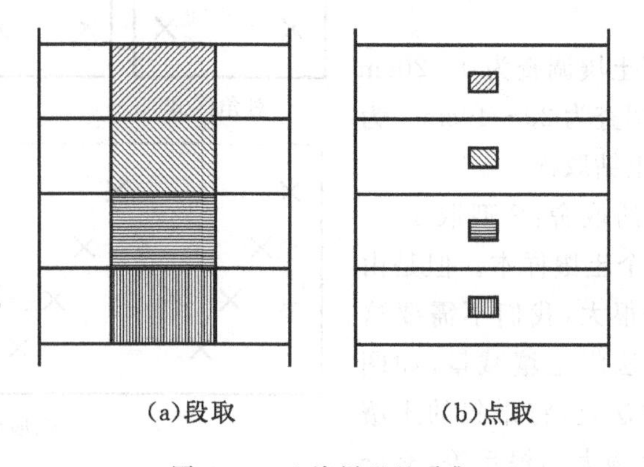

(a)段取　　(b)点取

图5-4　土壤样品的采集

实验三 土壤水分的测定

(一)测定目的

测定土壤水分是为了了解土壤水分状况,以作为土壤水分管理,如确定灌溉定额的依据。在分析工作中,由于分析结果一般是以烘干土为基础表示的,也需要测定湿土或风干土的水分含量,以便进行分析结果的换算。

(二)测定方法

土壤水分的测定方法很多,实验室一般采用酒精烘烤法、酒精烧失法和烘干法;野外则可采用简易的排水称重法(定容称量法)。样地的长期监测可采用中子仪测定。现主要介绍烘干法。

1. 适用范围

烘干法用于测定除石膏性土壤和有机土(含有机质 20%以上的土壤)以外的各类土壤的水分含量。

2. 方法原理

将土样置于 105℃±2℃的烘箱中烘至恒重,即可使其所含水分(包括吸湿水)全部蒸发殆尽,以此求算土壤水分含量。在此温度下,有机质一般不致大量分解损失影响测定结果。

3. 仪器设备

土壤筛:孔径 1 mm;铝盒:小型直径约 40 mm,高约 20 mm;分析天平:感量为 0.001 g 和 0.01 g;小型电热恒温烘箱;干燥器:内盛无水氯化钙。

4. 试样的选取和制备

风干土样:选取有代表性的风干土壤样品,压碎,通过 1 mm 筛,混合均匀后备用。

5. 测定步骤

(1)取小型铝盒(记号笔做好标记)在 105℃恒温箱中烘烤约 2h,移入干燥器内冷却至室温,称重,准确至 0.001g(m_0)。

(2)加风干土样约 5g 于铝盒中称重(m_1)。

(3)将铝盒盖揭开,放在盒底下,置于已预热至 105℃±2℃的烘箱中烘烤 6h。取出,盖好,移入干燥器内冷却至室温(约需 20 min),立即称重(m_2)。

(4)风干土样水分的测定一组样品需 4 个平行样品。

注:烘烤规定时间后 1 次称重,即达“恒重”。必要时,再烘 1 小时,取出冷却后称重,两次称重之差不得超过 0.05g,取最低一次计算。质地较轻的土壤,烘烤时间可以缩短,即 5～6 小时。

6. 结果计算

土壤含水量的计算公式为:

$$\text{土壤含水量}(\%) = \frac{m_1 - m_2}{m_2 - m_0} \times 100\%$$

式中:m_0——烘干空铝盒质量(g);

m_1——烘干前铝盒及土样质量(g);

m_2——烘干后铝盒及土样质量(g)。

7.注意事项

(1)土壤分析一般以烘干土计重,但分析时又以湿土或风干土称重,故需进行换算,计算公式为:应称取的湿土或风干土样重=所需烘干土样重×(1+水分含量(%))。

(2)平行测定的结果用算术平均值表示,保留小数后一位。

(3)平行测定结果的差值,水分小于5%的风干土样不得超过0.2%,水分为5%~25%的潮湿土样不得超过0.3%,水分大于15%的大粒(粒径约10 mm)粘重潮湿土样不得超过0.7%(相当于相对相差不大于5%)。

实验四 土壤有机质分析与有机质换算

土壤有机质既是植物矿质营养和有机营养的源泉，又是土壤中异养型微生物的能源物质，同时也是形成土壤结构的重要因素。测定土壤有机质含量的多少，在一定程度上可说明土壤的肥沃程度，因为土壤有机质直接影响着土壤的理化性状。

一、重铬酸钾容量法—外加热法

(一)方法原理

在外加热的条件下(油浴的温度为180℃，沸腾5分钟)，用一定浓度的重铬酸钾—硫酸溶液氧化土壤有机质(碳)，剩余的重铬酸钾用硫酸亚铁来滴定，以所消耗的重铬酸钾量来计算有机碳的含量。本方法测得的结果，与干烧法对比，只能氧化90%的有机碳，因此将得到的有机碳乘以校正系数，以计算有机碳量。在氧化滴定过程中化学反应如下：

$2K_2Cr_2O_7+8H_2SO_4+3C \rightarrow 2K_2SO_4+2Cr_2(SO_4)_3+3CO_2+8H_2O$

$K_2Cr_2O_7+6FeSO_4+7H_2SO_4 \rightarrow K_2SO_4+Cr_2(SO_4)_3+3Fe_2(SO_4)_3+7H_20$

在 $1mol \cdot L^{-1}$ H_2SO_4 溶液中用 Fe^{2+} 滴定 $Cr_2O_7{}^{2-}$ 时，其滴定曲线的突跃范围为0.85～1.22V。

表5-4 滴定过和中使用的氧化还原指剂有以下四种

指示剂	E_0	本身变色氧化—还原	Fe^{2+} 滴定 $Cr_2O_7{}^{2-}$ 时的变色氧化—还原	特点
二苯胺	0.76V	深蓝→无色	深蓝→绿	须加 H_3PO_4；近终点须强烈摇动，较难掌握
二苯胺磺酸钠	0.85V	红色→无色	红紫→蓝紫→绿	须加 H_3PO_4；终点稍难掌握
2—羧基代二苯胺	1.08V	紫红→无色	棕→紫→绿	不加 H_3PO_4；终点易于掌握
邻啡罗啉	1.11V	淡蓝→红色	橙→灰绿→淡绿→砖红	不加 H_3PO_4；终点易于掌握

从表5-4中，可以看出每种氧化还原指示剂都有自己的标准电位(E_0)，邻啡罗啉(E_0=1.11V)、2—羧基代二苯胺(E_0=1.08V)，以上两种氧化还原指示剂的标准电位(E_0)，落在滴定曲线突跃范围之内，因此，不需加磷酸而终点容易掌握，可得到准确的结果。

例如：以邻啡罗啉亚铁溶液(邻二氮啡亚铁)为指示剂，三个邻啡罗啉($C_2H_8N_2$)分子与一个亚铁离子络合，形成红色的邻啡罗啉亚铁络合物，遇强氧化剂，则变为淡蓝色的正铁络合物，其反应如下：

$$\underset{\text{淡蓝色}}{[(C_{12}H_8N_2)_3Fe]^{3+}}+e^- \leftrightarrow \underset{\text{红色}}{[(C_{12}H_8N_2)_3Fe]^{2+}}$$

滴定开始时以重铬酸钾的橙色为主，滴定过程中渐现 Cr^{3+} 的绿色，快到终点变为灰绿色，如标准亚铁溶液过量半滴，即变成红色，表示终点已到。

但用邻啡罗啉的一个问题是指示剂往往被某些悬浮土粒吸附，到终点时颜色变化不清楚，所以常常在滴定前将悬浊液在玻璃滤器上过滤。

从表 5－4 中也可以看出，二苯胺、二苯胺磺酸钠指示剂变色的氧化还原标准电位（E_0）分别为 0.76V、0.85V，指示剂变色在重铬酸钾与亚铁滴定曲线突跃范围之外，因此使终点后移，为此，在实际测定过程中加入 NaF 或 H_3PO_4 络合 Fe^{3+}，其反应如下：

$$Fe^{3+} + 2PO_4^{3-} \longrightarrow Fe(PO_4)_2^{3-}$$

$$Fe^{3+} + 6F^{-} \longrightarrow [FeF_6]^{3-}$$

加入磷酸等不仅可消除 Fe^{3+} 的颜色，而且能使 Fe^{3+}/Fe^{2+} 体系的电位大大降低，从而使滴定曲线的突跃电位加宽，使二苯胺等指示剂的变色电位进入突跃范围之内。

根据以上各种氧化还原指示剂的性质及滴定终点掌握的难易，推荐应用 2—羧基代二苯胺指示剂。此外，2—羧基代二苯胺的价格便宜，性能稳定，值得推荐采用。

（二）主要仪器

油浴消化装置（包括油浴锅和铁丝笼）、可调温电炉、秒表、自动控温调节器。

（三）试剂

（1）0.008mol·L^{-1}（1/6$K_2Cr_2O_7$）标准溶液。称取经 130℃烘干的重铬酸钾（$K_2Cr_2O_7$，GB642—77，分析纯）39.2245g 溶于水中，定容于 1000mL 容量瓶中。

（2）H_2SO_4。浓硫酸（H_2SO_4，GB625－77，分析纯）。

（3）0.2mol·L^{-1} $FeSO_4$溶液。称取硫酸亚铁（$FeSO_4 \cdot 7H_2O$，GB664－77，分析纯）56.0g 溶于水中，加浓硫酸 5mL，稀释至 1L。

（4）指示剂。

①邻啡罗啉指示剂：称取邻啡罗啉（GB 1293－77，分析纯）1.485g 与 $FeSO_4 \cdot 7H_2O$ 0.695g，溶于 100mL 水中。

②2—羧基代二苯胺（O－phenylanthranilicacid，又名邻苯氨基苯甲酸，$C_{13}H_{11}O_2N$）指示剂：称取 0.25g 试剂于小研钵中研细，然后倒入 100mL 小烧杯中，加入 0.18mol·L^{-1} NaOH 溶液 12mL，并用少量水将研钵中残留的试剂冲洗入 100mL 小烧杯中，将烧杯放在水浴上加热使其溶解，冷却后稀释定容到 250mL，放置澄清或过滤，用其清液。

（5）Ag_2SO_4。硫酸银（Ag_2SO_4，HG3－945－76，分析纯），研成粉末。

（6）SiO_2。二氧化硅（SiO_2，Q/HG22－562－76，分析纯），粉末状。

（四）操作步骤

（1）称取通过 0.149mm（100 目）筛孔的风干土样 0.1～1g（精确到 0.0001g），放入一干燥的硬质试管中。

（2）用移液管准确加入 0.8000mol·L^{-1}（1/6$K_2Cr_2O_7$）标准溶液 5mL（如果土壤中含有氯化物需先加入 Ag_2SO_4 0.1g）。

（3）用注射器加入浓 H_2SO_4 5mL 充分摇匀，管口盖上弯颈小漏斗，以冷凝蒸出之水汽。

（4）将 8～10 个试管放入自动控温的铝块管座中（试管内的液温控制在约 170℃）（或将 8～10个试管盛于铁丝笼中（每笼中均有 1～2 个空白试管），放入温度为 185℃～190℃的石蜡油锅中，要求放入后油浴锅温度下降至 170℃～180℃，然后必须控制电炉，使油浴锅内温度始终维持在 170℃～180℃），待试管内液体沸腾发生气泡时开始计时，煮沸 5min，取出试管（用油浴法，稍冷，擦净试管外部油液）。

（5）冷却后，将试管内容物倾入 250mL 三角瓶中，用水洗净试管内部及小漏斗，这三角瓶内溶液总体积为60～70mL，保持混合液中($1/2H_2SO_4$)浓度为2～3mol·L^{-1}。

(6)然后加入2－羧基代二苯胺指示剂12～15滴，此时溶液呈棕红色。

(7)用标准的0.2mol·L^{-1}硫酸亚铁滴定，滴定过程中不断摇动内容物，直至溶液的颜色由棕红色经紫色变为暗绿(灰蓝绿色)，即为滴定终点。如用邻啡罗啉指示剂，加指示剂2～3滴，溶液的变色过程中由橙黄→蓝绿→砖红色，即为终点。记取$FeSO_4$滴定毫升数(V)。

(8)每一批(即上述每铁丝笼或铝块中)样品测定的同时，进行2～3个空白试验，即取0.500g粉状二氧化硅代替土样，其他手续与试样测定相同。记取$FeSO_4$滴定毫升数(V_0)，取其平均值。

(五)结果计算

$$\text{土壤有机碳}(g\cdot kg^{-1})=\frac{\frac{c\times 5}{V_0}\times(V_0-V)\times 10^{-3}\times 3.0\times 1.1}{m\times k}\times 1000$$

式中：c——0.8000 mol·L^{-1}($1/6K_2Cr_2O_7$)标准溶液的浓度；

5——重铬酸钾标准溶液加入的体积(mL)；

V_0——空白滴定用去$FeSO_4$体积(mL)；

V——样品滴定用去$FeSO_4$体积(mL)；

3.0——1/4碳原子的摩尔质量(g·moL^{-1})；

10^{-3}——将mL换算为L；

1.1——氧化校正系数；

m——风干土样质量(g)；

k——将风干土样换算成烘干土的系数。

(六)注释

(1)含有机质高于50g·kg^{-1}者，称土样0.1g；含有机质高于20～30g·kg^{-1}者，称土样0.3g；少于20g·kg^{-1}者，称土样0.5g以上。由于称样量少，称样时应用减重法以减少称样误差。

(2)土壤中氯化物的存在可使结果偏高。因为氯化物也能被重铬酸钾所氧化，因此，盐土中有机质的测定必须防止氯化物的干扰，少量氯可加少量Ag_2SO_4，使氯根沉淀下来(生成AgCl)。Ag_2SO_4的加入，不仅能沉淀氯化物，而且有促进有机质分解的作用。据研究，当使用Ag_2SO_4时，校正系数为1.04，不使用Ag_2SO_4时，校正系数为1.1。Ag_2SO_4的用量不能太多，约加0.1g，否则生成$Ag_2Cr_2O_7$沉淀，影响滴定。

在氯离子含量较高时，可用一个氯化物近似校正系数1/12来校正之，这是由于$Cr_2O_7^{2-}$与Cl^{-1}及C的反应是定量的，即：

$$Cr_2O_7^{2-}+6Cl^{-1}+14H^+\rightarrow 2Cr^{3+}+3Cl_2+7H_2O$$

$$2Cr_2O_7^{2-}+3C+16H^+\rightarrow 4Cr^{3+}+3CO_2+8\ H_2O$$

由以上两个反应式可知：$C/4Cl^{-1}=12/(4\times 35.5)\approx 1/12$

$$\text{故土壤含碳量}(g\cdot kg^{-1})=\text{未经校正土壤含碳量}(g\cdot kg^{-1})-\frac{\text{土壤 Cl 含量}(g\cdot kg^{-1})}{12}$$

此校正系数在Cl∶C比为5∶1以下时适用。

(3)对于水稻土、沼泽土和长期渍水的土壤，由于土壤中含有较多的Fe^{2+}、Mn^{2+}及其他还原性物质，它们也消耗 $K_2Cr_2O_7$，可使结果偏高，对这些样品必须在测定前充分风干。一般可把样品磨细后，铺成薄薄一层，在室内通风处风干10天左右即可使 Fe^{2+} 全部氧化。长期沤水的水稻土，虽经几个月风干处理，样品中仍有亚铁反应，对这种土壤，最好采用铬酸磷酸湿烧——测定二氧化碳法。

(4)这里为了减少 0.4mol·L^{-1}($1/6K_2Cr_2O_7$)—H_2SO_4 溶液的黏滞性带来的操作误差，准确加入 0.800mol·L^{-1}($1/6K_2Cr_2O_7$)水溶液 5mL 及浓 H_2SO_4 5mL，以代替 0.4mol·L^{-1}($1/6K_2Cr_2O_7$) 溶液 10mL。在测定石灰性土壤样品时，也必须慢慢加入 $K_2Cr_2O_7$—H_2SO_4 溶液，以防止由于碳酸钙的分解而引起激烈发泡。

(5)最好不采用植物油，因为它可被重铬酸钾氧化而可能带来误差。而矿物油或石蜡对测定无影响。油浴锅预热温度当气温很低时应高一些(约200℃)。铁丝笼应该有脚，使试管不与油浴锅底部接触。

(6)用矿物油虽对测定无影响，但空气污染较为严重，最好采用铝块(有试管孔座的)加热自动控温的方法来代替油浴法。

(7)必须在试管内溶液表面开始沸腾才开始计算时间。掌握沸腾的标准尽量一致，然后继续消煮5min，消煮时间对分析结果有较大的影响，故应尽量记时准确。

(8)消煮好的溶液颜色，一般应是黄色或黄中稍带绿色，如果绿色为主，则说明重铬酸钾用量不足。在滴定时消耗硫酸亚铁量小于空白用量的1/3时，有氧化不完全的可能，应弃去重做。

二、重铬酸钾容量法—电砂浴加热法

(一)方法原理

同重铬酸钾容量法—外加热法原理。

(二)主要仪器

电砂浴、分析天平、滴定台、25mL 酸式滴定管、150mL 三角瓶、小漏斗(曲颈3cm)、温度计200℃～300℃、500mL 塑料洗瓶。

(三)试剂

同重铬酸钾容量法—外加热法试剂。

(四)操作步骤

(1)准确称取过0.25mm筛的风干土0.05～0.5g(称样量的多少取决于土壤中有机质的含量：含有机质10～20g·kg^{-1}土样，取样在0.4～0.5g之间；含量达到80g·kg^{-1}左右，则不应超过0.1g)，把土样移入150mL三角瓶中(如含氯化物多的土样，需加粉末状 Ag_2SO_4 约0.1mg)。

(2)准确缓慢地加入 0.4mol·L^{-1}($1/6K_2Cr_2O_7$)—H_2SO_4 溶液 10mL，加液时要避免将土粒冲溅到瓶的内壁上。

(3)瓶口处再加上一个小漏斗，把三角瓶放在已预热好(170℃～108℃)的电砂浴上加热，在真正沸腾时开始计算时间；保持平缓地沸腾5±0.5min。沸腾过程中如发现三角瓶内壁有土粒粘附，应轻轻摇动瓶子使之下沉。

(4)消煮完毕后，将三角瓶从电砂浴上取下，冷却片刻，然后用蒸馏水冲洗小漏斗、三角瓶瓶口及内壁，洗涤液要流入原三角瓶，瓶内溶液的总体应控制在 30～35mL 为宜。

(5)加 2～3 滴邻菲罗啉(菲罗啉)指示剂，用 0.1 mol・L^{-1} $FeSO_4$标准溶液滴定剩余的$K_2Cr_2O_7$溶液的变色过程是由橙→蓝→棕红。

如果滴定所用 $FeSO_4$溶液的毫升数不到下述空白标定所耗 $FeSO_4$溶液的毫升数的 1/3，则应减少土壤称样量而重测。

每一批分析时，必须同时做 2～3 个空白标定：取大约 0.2g 石英砂代替土壤，其他步骤与土样测定时相同，但滴定前的溶液总体积控制在 20～30mL 为宜。

(五)结果计算

$$有机质(g \cdot kg^{-1}) = \frac{(V_0 - V)mol \times 0.003 \times 1.724 \times 1.08}{W} \times 1000$$

式中：V_0——空白测定时所消耗 $FeSO_4$溶液的体积(mL)；

V——土样测定时所消耗 $FeSO_4$溶液的体积(mL)；

mol——$FeSO_4$标准溶液的摩尔浓度；

0.003——1 毫摩尔碳的克数；

1.724——土壤有机碳换算成土壤有机质的平均换算系数；

1.08——氧化校正系数(按回收率 92.6%计算)；

W——烘干土重(风干样除样品中水分的重量)。

三、重铬酸钾容量法—稀释热法

(一)方法原理

基本原理、主要步骤与重铬酸钾容量法(外加热法)相同。稀释热法(水合热法)是利用浓硫酸和重铬酸钾迅速混合时所产生的热来氧化有机质，以代替外加热法中的油浴加热，操作更加方便。由于产生的热温度较低，对有机质氧化程度较低，只有 77%。

(二)试剂

(1)1mol・L^{-1}($1/6K_2Cr_2O_7$) 溶液。准确称取 $K_2Cr_2O_7$(分析纯，105℃烘干)49.04g，溶于水中，稀释至 1L。

(2)0.4mol・L^{-1}($1/6K_2Cr_2O_7$) 的基准溶液。准确称取 $K_2Cr_2O_7$(分析纯)(在 130℃烘 3h)19.6132g 于 250mL 烧杯中，以少量水溶解，将全部洗入 1000mL 容量瓶中，加入浓 H_2SO_4 约 70mL，冷却后用水定容至刻度，充分摇匀备用(其中含硫酸浓度约为 2.5mol・L 1(1/2 H_2SO_4))。

(3)0.5mol・$L^{-1}$$FeSO_4$溶液。称取 $FeSO_4 \cdot 7H_2O$140g 溶于水中，加入浓 $H_2SO_4$15mL，冷却稀释至 1L 或称取 $Fe(NH_4)_2(SO_4)_2 \cdot 6H_2O$196.1g 溶解于含有 200mL 浓 H_2SO_4的 800mL 水中，稀释至 1L。此溶液的准确浓度以 0.4mol・L^{-1}($1/6K_2Cr_2O_7$)的基准溶液标定之。即分别准确吸取 3 份 0.4mol・L^{-1}($1/6K_2Cr_2O_7$)的基准溶液各 25mL 于 150mL 三角瓶中，加入邻啡罗啉指示剂 2～3 滴(或加 2—羧基代二苯胺 12～15 滴)，然后用 0.5mol・L^{-1} $FeSO_4$溶液滴定至终点，并计算出准确的 $FeSO_4$浓度。硫酸亚铁($FeSO_4$)溶液在空气中易被氧化，需新鲜配制或以标准的 $K_2Cr_2O_7$溶液每天标定之。

其他试剂同“重铬酸钾容量法—外加热法”中的试剂(4)、(5)、(6)。

(三)操作步骤

(1)准确称取 0.5000g 土壤样品[①]于 500mL 的三角瓶中。

(2)然后准确加入 $1mol\cdot L^{-1}(1/6K_2Cr_2O_7)$ 溶液 10mL 于土壤样品中，转动瓶子使之混合均匀。

(3)然后加浓 H_2SO_4 20mL，将三角瓶缓缓转动 1min，促使混合以保证试剂与土壤充分作用，并在石棉板上放置约 30min，加水稀释至 250mL，加 2－羧基代二苯胺 12～15 滴。

(4)然后用 $0.5mol\cdot L^{-1}FeSO_4$ 标准溶液滴定之，其终点为灰绿色。或加 3～4 滴邻啡罗啉指示剂，用 $0.5mol\cdot L^{-1}FeSO_4$ 标准溶液滴定至近终点时溶液颜色由绿变成暗绿色，逐渐加入 $FeSO_4$ 直至生成砖红色为止。

用同样的方法做空白测定(即不加土样)。

如果 $K_2Cr_2O_7$ 被还原的量超过 75%，则须用更少的土壤重做。

(四)结果计算

$$土壤有机碳(g\cdot kg^{-1})=\frac{c(V_0-V)\times 10^{-3}\times 3.0\times 1.33}{烘干土重}\times 1000$$

$$土壤有机质(g\cdot kg^{-1})=土壤有机碳(g\cdot kg^{-1})\times 1.724$$

式中：1.33——氧化校正系数；

c——$0.5mol\cdot L^{-1}FeSO_4$ 标准溶液的浓度；

其他符号和数字的意义同前。

① 泥碳称 0.05g，土壤有机质含量低于 $10g\cdot kg^{-1}$ 者称 2.0g。

实验五 土壤pH值的测定

(一)测定目的

pH的化学定义是溶液中H^+活度的负对数。土壤pH是土壤酸碱度的强度指标,是土壤的基本性质和肥力的重要影响因素之一。它直接影响土壤养分的存在状态、转化和有效性,从而影响植物的生长发育。土壤pH易于测定,常用作土壤分类、利用、管理和改良的重要参考。同时在土壤理化分析中,土壤pH与很多项目的分析方法和分析结果有密切关系,因而是审查其他项目结果的一个依据。

(二)方法原理:电位法

土壤pH分水浸pH和盐浸pH,前者是用蒸馏水浸提土壤测定的pH,代表土壤的活性酸度(碱度),后者是用某种盐溶液浸提测定的pH,大体上反映土壤的潜在酸。盐浸提液常用1 mol·L^{-1} KCl溶液或用0.5 mol·L^{-1} $CaCl_2$溶液,在浸提土壤时,其中的K^+或Ca^{2+}与胶体表面吸附的Al^{3+}和H^+发生交换,使其相当部分被交换进入溶液,故盐浸pH较水浸pH低。

土壤pH的测定方法包括比色法和电位法。电位法的精确度较高。pH误差约为0.02单位,现已成为室内测定的常规方法。野外速测常用混合指示剂比色法,其精确度较差,pH误差在0.5左右。

用pH计测定土壤悬浊液pH时,常用玻璃电极为指示电极,甘汞电极为参比电极。此二电极插入土壤悬浊液时构成一电池反应,期间产生一电位差,因参比电极的电位是固定的,故此电位差之大小取决于待测液的H^+离子活度,H^+离子活度的负对数即为pH,可在pH计上直接读出pH值。

(三)仪器及设备

pH计。

(四)试剂配制

(1)pH4.01标准缓冲溶液:10.21g在105℃烘过的苯二甲酸氢钾($KHC_8H_4O_4$,分析纯),用蒸馏水溶解后定容至1L。

(2)pH6.86标准缓冲溶液:3.39g在50℃烘过的磷酸二氢钾(KH_2PO_4,分析纯)和3.53g无水磷酸氢二钠(Na_2HPO_4,分析纯),溶解于蒸馏水中后定容至1L。

(3)pH9.18标准缓冲溶液:3.80g硼砂($Na_2B_4O_7\cdot 10H_2O$,分析纯)溶于无二氧化碳的冷水中,定容至1L。此溶液的pH易于变化,应注意保存。

(五)操作步骤

(1)待测液的制备:称取通过2 mm筛孔的风干土壤10.00 g于50 mL高型烧杯中,加入25 mL无二氧化碳的水或氯化钙溶液(中性、石灰性或碱性土测定用)(本实验用水)。用玻璃棒剧烈搅动1 min ~2 min,静置30 min,此时应避免空气中氨或挥发性酸气体等的影响,然后用pH计测定。

(2)仪器校正:把电极插入与土壤浸提液pH接近的缓冲溶液中,使标准溶液的pH值与仪器标度上的 pH 值相一致。然后移出电极，用水冲洗、滤纸吸干后插入另一标准缓冲液中，检查仪器的读数。最后移出电极，用水冲洗、滤纸吸干后待用。

(3)测定：把电极插入土液中，待读数稳定后，记录待测液 pH 值。每个样品测完后，立即用水冲洗电极，并用干滤纸将水吸干再测定下一个样品。

(六)结果计算

一般的 pH 计可直接读出 pH 值，不需要换算。

允许偏差为：两次称样平行测定结果的允许差为 0.1 pH；室内严格掌握测定条件和方法时，精密 pH 计允许差可降至 0.02 pH。

(七)注意事项

1. 酸性土壤（包括潜性酸）的 pH 值的测定

可用氯化钾溶液($c(KCl)=1.0\ mol \cdot L^{-1}$)代替无二氧化碳蒸馏水，其他操作步骤均与水浸提液相同。

2. 测定时注意事项

(1)土壤不要磨的过细，以通过 2mm 孔径筛为宜。样品不立即测定时，最好贮存于有磨口的瓶中，以免受大气中氨和其他挥发气体的影响。

(2)加水或氯化钙后的平衡时间对测得的土壤 pH 值是有影响的，且随土壤类型而异。平衡快者，1 min 即达平衡；慢者可长达 1h。一般来说，平衡 30 min 是合适的。

实验六 土壤质地的测定

土壤质地是土壤的重要特性，是影响土壤肥力高低、耕性好坏、生产性能优劣的基本因素之一。测定质地的方法有简易手测鉴定法、比重计法和吸管法。本实验介绍比重计法、吸管法和手测法，要求掌握比重计法测定土壤质地的原理、技能，吸管法的步骤和手测法的原理、步骤以及根据所测数据计算并确定土壤质地类别的方法。

(一)司笃克斯定律在土壤颗粒分析中的应用

土壤颗粒分析的吸管法和比重计法是以司笃克斯定律为基础的，根据司笃克斯(Stokes，1845)定律，球体在介质中沉降的速度与球体半径的平方成正比，与介质的粘滞系数成反比，其关系式为：

$$V = \frac{2}{9} g r^2 \frac{d_1 - d_2}{\eta}$$

式中：V——半径为 r 的颗粒在介质中沉降的速度(m/s)；

g——物体自由落体时的重力加速度，为 $981 cm/s^2$；

r——沉降颗粒的半径(cm)；

d_1——沉降颗粒的比重(g/cm^3)；

d_2——介质的比重(g/cm^3)；

η——介质的粘滞系数(g/cm・s)。

这是由于小球在广大粘滞液体中作匀速的缓慢运动时，小球所受阻力(摩擦力)：

$$F = 6\pi r \eta v$$

而球体在介质中作自由落体沉降运动时的重力(F')是由本身重量(P)与介质浮力即阿基米德力(FA)之差：

$$F' = P - FA = \frac{4}{3}\pi r^3 g d_1 - \frac{4}{3}\pi r^3 g d_2 = \frac{4}{3}\pi r^3 g(d_1 - d_2)$$

当球体在介质中作匀速运动时，球体的重力(F')等于它所受到的介质粘滞阻力(F)，即

$$\frac{4}{3}\pi r^3 g(d_1 - d_2) = 6\pi r \eta v$$

故

$$V = \frac{\frac{4}{3}\pi r^3 g(d_1 - d_2)}{6\pi r \eta} = \frac{2}{9} g r^2 \frac{d_1 - d_2}{\eta}$$

又球体作匀速沉降时 $S=Vt$(S：距离，cm；V：速度，cm/s；t：时间，s)。

所以

$$t = \frac{S}{\frac{2}{9} g r^2 \frac{d_1 - d_2}{\eta}}$$

由上式可求出不同温度下，不同直径的土壤颗粒在水中沉降一定距离所需的时间。

(二)方法原理

将经化学物理处理而充分分散成单粒状的土粒在悬液中自由沉降，经过不同时间，用甲种比重计(即鲍氏比重计)测定悬液的比重变化，比重计上的读数直接指示出悬浮在比重计所处

深度的悬液中土粒含量(从比重计刻度上直接读出每升悬液中所含土粒的重量)。而这部分土粒的半径(或直径)可以根据司笃克斯定律计算,从已知的读数时间(即沉降时间 t)与比重计浮在悬液中所处的有效沉降深度(L)值(土粒实际沉降距离)计算出来,然后绘制颗粒分配曲线,确定土壤质地,而比重计速测法,可按不同温度下土粒沉降时间直接测出所需粒径的土粒含量,方法简便快速,对于一般地了解质地来说,结果还是可靠的。

一、比重计速测法

(一)试剂与仪器

1.试剂

(1)0.5N 氧氧化钠(化学纯)溶液,0.5N 草酸钠(化学纯)溶液,0.5N 六偏磷酸钠(化学纯)溶液,这三种溶液因土壤 pH 值不同而选一种。

(2)异戊醇(化学纯)。

(3)2%碳酸钠(化学纯)溶液。

(4)软水,其制备是将 200mL 碳酸钠加入 1500mL 自来水中,待静置一夜,澄清后,上部清液即为软水,2%碳酸钠的用量随自来水硬化度的加大而增加。

2.仪器

(1)甲种比重计(即鲍氏比重计):刻度范围 0~60,最小刻度单位 1.0 g/L,使用前应进行校正。

(2)洗筛:孔径为 0.1mm,筛子直径为 5cm 的小铜筛。

(3)土壤筛:孔径为 3.1,0.5,0.25mm。

(4)搅拌棒:带橡皮头的玻棒。

(5)沉降筒(1000mL)、量筒(100mL)、三角瓶(500mL)、漏斗(直径 7cm,4cm)、洗瓶、普通烧杯、滴管等。

(6)电热板、计时钟、温度计(±0.1℃)、烘箱(5℃~200℃)、天平(感量 0.0001g 和 0.01g 两种)、铝盒等。

(二)操作步骤

1.称样

称取通过 1mm 筛孔的风干土样 50g(精确到 0.01g),置于 500mL 三角瓶中,加蒸馏水或软水湿润样品,另称 10g(精确到 0.0001g)土样置于铝盒内,在烘箱(105℃)中烘至恒重(约 6 小时),冷却称重,计算吸湿水含量和烘干土重。

2.样品分散

石灰性土壤(50g 样品)加 0.5N 六偏磷酸钠 60mL,中性土壤(50g 样品)加 0.5N 草酸钠 20mL,酸性土壤(50g 样品)加 0.5N 氢氧化钠 40mL,然后用煮沸法对样品进行物理分散处理,即在已加分散剂的盛有样品的 500mL 三角瓶中,再加入蒸馏水或软水,使三角瓶内土液体积约达 250mL,盖上斗,摇动三角瓶,然后放在电热板上加热煮沸,在煮沸前应经常摇动三角瓶,以防土粒沉积瓶底结成硬块或烧焦,煮沸后保持沸腾 1h。

3.制备悬液

将筛孔直径为 0.1mm 的小铜筛放在漏斗上,一起搁在 1000mL 沉降筒上,将冷却的三角瓶中悬液通过0.1mm筛子，用带橡皮头玻棒轻轻洗擦筛上颗粒，并用蒸馏水或软水冲洗至<0.1mm的土粒全部进入沉降筒，筛下流出清液为止，但洗入沉降筒的悬液量不能超过1000mL。

将留在小铜筛上的>0.1mm砾砂粒移入铅盒内，倾去上部清液，烘干称重并计算百分数，用1、0.5、0.25mL孔径筛分，3～1、1～0.5、0.5～0.25、0.25～0.1mm砾石或砂粒分别称重并计算百分数。

将盛有土液的沉降筒用蒸馏水或软水定容至1000mL，放置于温度变化小的室内平放桌面上，排列整齐，编号填入记录表，并准备比重计、秒表(或闹钟)、温度计(±0.1℃)等。

4.测定悬液比重

将盛有悬液的沉降筒置于昼夜温度变化较小的平稳试验桌面上，测定悬液温度，用搅拌棒搅拌悬液1min(上下各约30次)，记录开始时间，按表5-5中所列温度时间和粒径的关系，根据所测液温和待测的粒级最大直径值，选定测比重计度数的时间，提前将比重计轻轻放入悬液中，到了选定时间即测记比重计读数，将读数进行必要的校正后即代表直径小于所选定的毫米数的颗粒累积含量，按照上述步骤，就可分别测出<0.05、<0.01、<0.001mm等各级土粒的比重计读数。

5.结果计算

(1)将风干土样重换算成烘干样品重。

$$烘干土样重(克)=\frac{风干土样重(g)}{吸湿水(\%)+100\%}\times 100\%$$

(2)对比重计读数进行必要的校正。

校正值=分散剂校正值+温度校正值

其中：分散剂校正值=加入分散剂的毫升数×分散剂的当量浓度×分散剂毫克当量重量(毫克)×10^{-3}(g/l)；温度校正值查表5-6。

校正后读数=原读数-校正值

(3)$小于某粒径土粒含量(\%)=\frac{校正后读数}{烘干土样重}\times 100\%$

(4)$大于0.1mm粒径土粒含量(\%)=\frac{\geq 0.1mm颗粒烘干重}{烘干土样重}\times 100\%$

(5)将相邻两粒径的土粒含量百分数相减，即为该两粒径范围的粒级百分含量。

表5-5 小于某粒径颗粒沉降时间表(比重计速测用)

温度(℃)	<0.05mm			<0.01mm			<0.005mm			<0.001mm		
	h	min	s	h	min	s	h	min	s	h	min	s
4		1	32		43		2	55		48		
5		1	30		42		2	50		48		
6		1	25		40		2	50		48		
7		1	23		38		2	45		48		
8		1	20		37		2	40		48		
9		1	18		36		2	30		48		

续表 5-5

温度(℃)	<0.05mm			<0.01mm			<0.005mm			<0.001mm		
	h	min	s	h	min	s	h	min	s	h	min	s
10		1	18		35		2	25		48		
11		1	15		34		2	25		48		
12		1	12		33		2	20		48		
13		1	10		32		2	15		48		
14		1	10		31		2	15		48		
15		1	18		30		2	15		48		
16		1	6		29		2	5		48		
17		1	5		28		2	0		48		
18		1	2		27	30	1	55		48		
19		1	0		27		1	55		48		
20			58		26		1	50		48		
21			56		26		1	50		48		
22			55		25		1	50		48		
23			54		24	30	1	45		48		
24			54		24		1	45		48		
25			53		23	30	1	40		48		
26			51		23		1	35		48		
27			50		22		1	30		48		
28			48		21	30	1	30		48		
29			46		21		1	30		48		
30			45		20		1	28		48		
31			45		19	30	1	25		48		
32			45		19		1	25		48		
33			44		19		1	20		48		
34			44		18	30	1	20		48		
35			42		18		1	20		48		
36			42		17		1	15		48		
37			40		17	30	1	15		48		
38			38		17	30	1	15		48		

表 5-6 甲种比重计温度校正表

温度(℃)	校正值	温度(℃)	校正值	温度(℃)	校正值	温度(℃)	校正值
6.0～8.5	−2.2	16.5	−0.9	22.5	+0.8	28.5	+3.1
9.0～9.5	−2.1	17.0	−0.8	23.0	+0.9	29.0	+3.1
10.0～10.5	−2.0	17.0	−0.7	23.5	+1.1	29.5	+3.5
11.0	−1.9	18.0	−0.5	24.0	+1.3	30.0	+3.7
11.5～12.0	−1.8	18.5	−0.4	24.5	+1.5	30.5	+3.8
12.0	−1.7	19.0	−0.3	25.0	+1.7	31.0	+4.0
13.0	−1.6	19.5	−0.1	25.5	+1.9	31.5	+4.2
13.5	−1.5	20.0	0	26.0	+2.1	32.0	+4.6
14.0～14.5	−1.4	20.5	+0.15	26.5	+2.2	32.5	+4.9
15.0	−1.2	21.0	+0.3	27.0	+2.5	33.0	+5.2
15.0	−1.1	21.5	+0.45	27.5	+2.6	33.5	+5.5
16.0	−1.0	22.0	+0.6	28.0	+2.9	34.0	+5.8

二、土壤质地测定(吸管法)

(1)称样:称样 20.00g(两份)测定吸湿水和制备悬液。

(2)悬液的制备:将样品放入高脚烧杯中,分次加入 10mL0.5N 的氢氧化钠,用皮头玻棒碾磨搅拌 10min,加软水至 250mL,盖上小漏斗,在电热板上煮沸,煮沸后保持 1h(间断搅拌),使样品充分分散,使样品冷却,通过 0.25mm 孔径筛洗入沉降筒中。

(3)样品悬液吸取:

①定容 1000mL。

②测量温度:查表 5-7,确定深度 10cm 或 5cm 所需要的时间。

③记录开始时间和各级吸取时间(0.05mm、0.002mm 两级)。

④搅拌均匀,静止到规定的时间。

⑤在吸取前,将吸管放于规定深度处,按所需时间提前 10s 开始吸,吸取 25mL 时间控制在 20s。将吸取的悬液全部移入已知重量的烧杯中,并洗干净。

⑥将盛有悬液的小烧杯放在电热板上蒸干,然后放入烘箱,在 105℃～110℃下烘 6h 至恒重,取出置于真空干燥器内,冷却 20min 后称重。

(4)结果计算:

小于某粒级颗粒含量百分数的计算:

$$X(\%) = \frac{G_V \times 1000}{\text{样品烘干重} \times \text{吸管容积}} \times 100\%$$

表 5-7 土壤颗粒分析各级粒级吸取时间表

粒级及深度 / 悬液温度	<0.05mm	<0.002mm	
	吸取深度 10cm	吸取深度 10cm	吸取深度 5cm
16℃	49s	8h49min2s	4h24min31s
17℃	48s	8h21min27s	4h10min43s
18℃	47s	8h08min53s	4h04min27s
19℃	46s	7h56min48s	3h58min24s
20℃	45s	7h44min16s	3h52min08s
21℃	44s	7h34min04s	3h47min02s
22℃	43s	7h23min53s	3h41min57s
23℃	42s	7h13min13s	3h36min36s
24℃	41s	7h03min02s	3h31min31s
25℃	40s	6h52min50s	3h26min25s
26℃	39s	6h44min02s	3h22min01s
27℃	38s	6h35min42s	3h17min51s
28℃	37s	6h26min53s	3h13min27s
29℃	36s	6h18min33s	3h09min17s
30℃	36s	6h09min45s	3h04min53s

三、土壤质地手测法(适用于野外)

(一)方法原理

根据各粒级颗粒具有不同的可塑性和粘结性估测土壤质地类型。砂粒粗糙,无粘结性和可塑性;粉粒光滑如粉,粘结性与可塑性微弱;粘粒细腻,表现较强的粘结性和可塑性;不同质地的土壤,各粒级颗粒的含量不同,表现出粗细程度与粘结性和可塑性的差异。本次实验,主要学习湿测法,就是在土壤湿润的情况下进行质地测定。

(二)操作步骤

置少量(约 2g)土样于手中,加水湿润,同时充分搓揉,使土壤吸水均匀(即加水于土样刚好不粘手为止)。然后按表 5-8 规格确定质地类型。

表 5-8 田间土壤质地鉴定规格

质地名称	土壤干燥状态	干土用手研磨时的感觉	湿润土用手指搓捏时的成形性	放大镜或肉眼观察
砂土	散碎	几乎全是砂粒,极粗糙	不成细条,亦不成球,搓时土粒自散于手中	主要为砂粒
砂壤土	疏松	砂粒占优势,有少许粉粒	能成土球,不能成条(破碎为大小不同的碎段)	砂粒为主,杂有粉粒

续表 5-8

质地名称	土壤干燥状态	干土用手研磨时的感觉	湿润土用手指搓捏时的成形性	放大镜或肉眼观察
轻壤土	稍紧易压碎	粗细不一的粉末，粗的较多，粗糙	略有可塑性，可搓成粗 3mm 的小土条，但水平拿起易碎断	主要为粉粒
中壤土	紧密、用力方可压碎	粗细不一的粉末，稍感粗糙	有可塑性，可成 3mm 的小土条，但弯曲成 2～3cm 小圈时出现裂纹	主要为粉粒
重壤土	更紧密，用手不能压碎	粗细不一的粉末，细的较多，略有粗糙感	可塑性明显，可搓成 1～2mm 的小土条，能弯曲成直径 2cm 的小圈而无裂纹，压扁时有裂纹	主要为粉粒，杂有粘粒
粘　土	很紧密不易敲碎	细而均一的粉末，有滑感	可塑性、粘结性均强，搓成 1～2mm 的土条，弯成的小圆圈压扁时无裂纹	主要为粘粒

实验七　土壤容重和孔性的测定和计算

土壤容重和孔性与土壤质地、结构、有机质含量、土壤紧实度、耕作措施等有关。它是衡量土壤组成、土壤颗粒间排列、通气透水和保肥性能等的一项重要的基本性质，其有关数据是土壤理化分析很多项目计算中的基本数据。

一、土壤容重的测定

测定土壤容重的方法很多，有环刀法、蜡封法、水银推开法、温度－密度仪法等。本实验介绍环刀法，要求掌握测定土壤容重的环刀法以及容重和土壤孔性的计算，了解容重和土壤孔性之间的相互关系。

(一)仪器设备

容重采土器、天平(感量0.1g和0.01g各一架)、烘箱、削土刀、铝盒、干燥器等。

(二)操作步骤

(1)在室内用1/100天平称铝盒重，同时测量钢质取土筒的容积，称取土筒的重量。

(2)把钢质取土筒装入压力套筒内然后用力压入土中，压入的深度要超过钢质取土筒的高度约1cm左右，若需分层取土测定，则需挖土坑，按规定分层取土，如果只测表土，则不必挖坑，只需把土表杂物去掉，铲成平面，将采土器直接压入土中采取土壤。

(3)把取土筒从压力套筒中取出，用盖把取土筒的上端盖住，并把取土筒翻转过来，小心地削去多余的土壤，使之和筒口一样平齐，盖上铁盖或纸，把取土筒再翻过来，小心削去另一端多余的土壤，使之与筒口一样平齐，除去粘附在取土筒外壁的土粒，然后将盛土的取土筒两端立即加盖，放入烘箱中在105℃条件下连续烘24小时至恒重。

(4)从烘箱中取出样品，称重为W_1，去掉环刀内土样，擦干环刀，称其环刀重量计为W_2。

(三)结果计算

(1)取土筒容积按下式计算：

$$V = \pi r^2 h$$

式中：V——取土筒容积(cm^3)；

r——取土筒内半径(cm)；

h——环刀高度(cm)；

π——圆周率。

(2)按下式计算土壤容重：

$$D = \frac{W_1 - W_2}{V}$$

(3)此法允许平均绝对误差$<0.03g/cm^3$，取算术平均值。

二、毛管孔隙度的测定

(一)仪器设备

天平(感量0.1g和0.01g各一架)、容重采土器、烘箱、削土刀、铝盒、干爆器、搪瓷托盘等。

(二)测定步骤

(1)在室内用1/100天平称铝盒重,同时测定取土筒的容积,称取土筒的重量。

(2)样品的采集与土壤容重的测定相同,应尽量避免破坏原状土的结构,有时亦可和测定容重结合起来取土测定土壤毛管孔隙度。

(3)将盛土的取土筒的一端(筒内土壤已削平),先以滤纸包住,再包一层砂布,然后用橡皮筋扎紧,以此端为底放入在搪瓷托盘内铺沙加水制成的吸水盘内,使之吸水。

(4)经过一天后,从吸水盘中取出盛土之取土筒,称重,以后每隔一天称一次,直至恒重(两次称量之差小于0.2g),此时表示土壤毛细管已被水分饱和。

(5)取土筒内的土样吸水膨胀后,用削土刀削去胀到筒口外面的土样,去掉滤纸等物并立即称重,准确至0.1g,计为W_3。

(6)称重后,放入烘箱中烘至恒重,取出称重,计为W_4。

(三)结果计算

(1)按下式计算土壤毛管孔隙度

$$P_c(\%)=\frac{W_3-W_4}{V}\times 100\%$$

式中:P_c——土壤毛管孔隙度(%);

V——取土筒容积(cm^3);

W_3——取土筒内湿样重(g);

W_4——取土筒内烘干土重(g)。

(2)此法进行3～4次平行测定,重复间误差不得大于1%,取算术平均值。

三、土壤孔性的有关计算

(1)土壤总孔隙度。

$$P_t=(1-\frac{D}{d})\times 100\%$$

式中:P_t——总孔隙度(%);

D——土壤容重(g/cm^3);

d——土壤比重(g/cm^3,一般采用2.65计算)。

在没有比重值或不用比重值的情况下,也可直接用容重,通过经验公式算出土壤总孔隙度的,其经验公式为:

$$P_t=93.947-32.995D$$

(2)土壤非毛管孔隙度。

$$P_n=P_t-P_c$$

式中:P_n 为土壤非毛管孔隙度(%)。

(3)土壤三相比。

以该土壤达到毛管持水量时的情况练习计算土壤的三相比。

$$Z=m:W:(P_t-W)$$

式中:Z——土壤三相比;

M——单位容积中固相部分所占百分比$=1-P_t$;

W——土壤含水率，以容积百分比表示；

(P_t-W)——土壤空气容量，以容积百分比表示。

(4)土壤孔隙比。

$$e=\frac{P_t}{1-P_t}$$

式中：e 为土壤孔隙比(即土壤孔隙与固体部分间的体积比)；P_t 为总孔隙度(%)。

实验八　土壤团聚体组成的测定

土壤的结构状况是鉴定土壤肥力的指标之一，它对土壤中水分、空气、养分、温度状况以及土壤的耕作栽培都有一定的调节作用，具有一定的生产意义，土壤结构性状通常是由测定土壤团聚体来鉴别的。

本实验介绍人工筛分法，此法分两部分，先对风干样品进行干筛，以确定干筛样品中各级团聚体的含量，然后在水中进行湿筛，确定水稳性团聚体的数量。

（一）仪器

（1）沉降筒（1000mL）、水桶（直径 33cm，高 43cm）；

（2）土壤筛一套（直径 20cm，高 5cm）；

（3）天平（感量 0.01g）、铝盒、烘箱、电热板、干燥器等。

（二）样品的采集和处理

田间采样要注意土壤不宜过干或过湿，最好在土不沾锹，经接触而不易变形时采取，采样要有代表性，采样深度看需要而定，一般耕作层分两层采取，要注意不使土块受挤压，以尽量保持原来结构状态，最好采取一整块土壤，削去土块表面直接与土锹接触而已变形的部分，均匀地取内部未变形的土样（约 2kg），置于封闭的木盘或白铁盒内，带回室内。

在室内，将土块沿自然结构轻轻地剥成直径约 10～12mm 的小样块，弃去粗根和小石块，剥样时应避免土壤受机械压力而变形，然后将样品放置风干 2～3 天，至样品变干为止。

（三）操作步骤

1. 干筛

将剥样风干后的小样块，通过孔径顺次为 10、7、5、3、2、1、0.5、0.25mm 的筛组进行干筛，筛完后，将各级筛子上的样品分别称重（精确到 0.01g），计算各级干筛团聚体的百分含量和＜0.25mm 的团聚体的百分含量，记载于分析结构表内。

2. 湿筛

（1）根据干筛法求得的各级团聚体的百分含量，把干筛分取的风干样品按比例配成 50g（不把＜0.25mm的团聚体倒入湿筛样品内，以防在湿筛时堵塞筛孔，但在计算中都需计算这一数值）。

（2）将上述按比例配好的 50g 样品倾入 1000mL 沉降筒中，沿筒壁徐徐加水，使水由下部逐渐湿润至表层，直至全部土样达到水分饱和状态，让样品在水中共浸泡 10min。这样，逐渐排除土壤中团聚体内部以及团聚体间的全部空气，以免封闭空气破坏团聚体。

（3）样品达到水分饱和后，用水沿沉降筒壁灌满，并用橡皮塞塞住筒口，数秒钟内把沉降筒簸倒过来，直至筒中样品完全沉下去，然后再把沉降筒倒转过来，至样品全部沉到筒底，这样重复倒转 10 次。

（4）将一套孔径为 5、3、2、1、0.5、0.25mm 的筛子，用白铁（或其它金属）薄板夹住，放入盛有水的木桶中，桶内的水层应该比上面筛子的边缘高出 8～10cm。

（5）将塞好的沉降筒倒置于水桶内的一套筛子上，拔去塞子，并将沉降筒在筛上（不接触筛底）的水中缓缓移动，使团粒均匀分散落在筛子上，当大于 0.25mm 的团聚体全部沉到筛子上后，即经过 50～60s 后塞上塞子，取出沉降筒。

(6)将筛组在水中慢慢提起(提起时勿使样品露出水面)然后迅速下降，距离为 3～4cm，静候 2～3min，直至上升的团聚体沉到筛底为止，如此上下重复 10 次，然后，取出上面两个筛子，再将下面的筛子如前上下重复 5 次，以洗净其中各筛的水稳性团聚体，最后，从水中取出筛子。

(7)将筛组分开，留在各级筛子上的样品用水洗入铝盒中，倾去上部清液，烘干称重(精确到 0.01g)，即为各级水稳性团聚体重量，然后计算各级团聚体含量百分数。并登记于分析结果表(见表 5-9)。

(四)结果计算

(1)各级团聚体含量(%)$=\dfrac{\text{各级团聚体的烘干重(g)}}{\text{烘干样品重(g)}}\times 100\%$

(2)各级团聚体(%)的总和为总团聚体的百分比。

(3)各级团聚体占总团聚体的百分比$=\dfrac{\text{各级团聚体(\%)}}{\text{总团聚体(\%)}}\times 100\%$

(4)总团聚体占土样的百分比$=\dfrac{\text{总团聚体的烘干重(g)}}{\text{烘干样品重(g)}}\times 100\%$

(5)必须进行 2～3 次平行试验，平行绝对误差应不超过 3%～4%。

注意：土壤中>0.25mm 的颗粒(粗砂、石砾等)会影响团聚体分析结果，应从各粒级重量中减去。

有时为了方便，快速地测定水稳性和非水稳性团粒的数量也可用以下方法：取九个直径为 150mm 的培养皿(内垫同样大小的滤纸)顺序排列，贴上标签，分别将已过干筛的各级团聚体，各任选 50 粒，放于皿中的滤纸上，用皮头滴管加水(加水时要特别性意适量)，直到滤纸上出现亮水膜为止。开始记下时间，20min 后，计算破碎的土粒占所放土粒的百分数，此数即为非水稳性团聚体的含量。将其乘以原来干筛后计算出的该粒级含量，则得实际非水稳性团聚体含量。

将各级团聚体的总含量减去各级实际非水稳性团聚体含量即为各该级水稳性团聚体含量。

表 5-9 土壤团聚体分析结果表

样品编号	各级团聚体含量百分数(%)																	
	>10 mm		7～10 mm		5～7 mm		3～5 mm		2～3 mm		1～2 mm		0.5～1 mm		0.25～0.5 mm		<0.25 mm	
	干筛	湿筛	干筛	湿筛	干筛	湿筛	干筛	湿筛	干筛	湿筛	干筛	湿筛	干筛	湿筛	干筛	湿筛	干筛	湿筛

实验九　土壤结构形状的观察及石灰反应测定

一、土壤结构形状的观察

土壤颗粒往往不是分散单独存在，而是以不同原因相互团聚成大小、形状和性质不同的土团、土块或土片，称为土壤结构。土壤结构影响土壤孔性，从而影响土壤水、气、肥状况和土壤耕性。因此鉴定土壤结构是观察土壤剖面的一个重要项目，也是分析土壤肥力的一项指标。本次实验观察土壤结构标本，为野外土壤剖面观察记载打好基础。

(一)土壤结构类型

结构类型的划分见表 5-10。

表 5-10　土壤结构类型及大小的区分标准

类 型	形 状	结构单位	大 小
1. 结构体沿长、宽、高三轴平衡发育	1. 块状：棱角不明显，形状不规则；界面与棱角不明显	大块状结构 小块状结构	直 径 >10mm 50～100mm
	2. 团块状：棱面不明显，形状不规则，略呈圆形，表面不平	大团块结构 团块状结构 小团块结构	30～50mm 10～30mm <10mm
	3. 核状：形状大致规则，有时呈圆形	大核状结构 核状结构 小核状结构	>10mm 7～10mm 5～7mm
	4. 粒状：形状大致规则，有时呈圆形	大粒状结构 粒状结构 小粒状结构	3～5mm 1～3mm 1～1.5mm
2. 结构体沿垂直轴发育	5. 柱状：形状规则，明显的光滑垂直侧面，横断面形状不规则	大柱状结构 柱状结构 小柱状结构	横断面直径 >50mm 30～50mm <30mm
	6. 棱柱状：表面平整光滑，棱角尖锐，横断面略呈三角形	大棱状结构 棱状结构 小棱状结构	>50mm 30～50mm <30mm
3. 结构体沿水平轴发育	7. 片状：有水平发育的节理平面	板状结构 片状结构	厚度 >3mm <3mm
	8. 鳞片状：结构体小，局部有弯曲的节理平面	鳞片状结构	
	9. 透镜状：结构上、下部均为球面	透镜状结构	

(二)观察方法

在野外观察土壤结构时,必须挖出一大块土体,用手顺其结构之间的裂隙轻轻掰开,或轻轻摔于地上,使结构体自然散开,然后观察结构体的形状、大小,并与附表对照,确定结构体类型。再用放大镜观察结构体表面有无粘粒或铁锰淀积形成的胶膜,并观察结构体的聚集形态和孔隙状况。观察完后用手指轻压结构体,看其散开后的内部形状或压碎的难易,也可将结构体侵泡于水中,观察其散碎的难易和散碎的时间,以了解结构体的水稳性。

二、石灰反应(泡沫反应)的测定

含有碳酸钙($CaCO_3$)的土壤或母岩,当滴入盐酸时则放出 CO_2 气泡,称为泡沫反应,其反应式为:

$$CaCO_3 + 2HCl \longrightarrow CaCl_2 + H_2O + CO_2 \uparrow$$

测定方法为:取一小块土置于白瓷板的穴中,预先加入几滴水(以排除土壤中的空气),再将10%HCl滴在土上(母岩可以直接滴入盐酸),仔细观察放出气泡的情况,可以确定有无碳酸钙及其含量的多少。按放出气泡的情况,泡沫反应程度可分为四类,见表5-11。

表5-11 石灰反应分类标准

反应程度	反应现象	估计含量	符号
无	无气泡,也无嗤嗤声	0	−
弱	徐徐地放出小气泡,可听见嗤嗤声	<1%	+
中	明显地放出气泡,且气泡较大	1%~5%	++
强	强烈放出气泡,呈沸腾状,历时久,并有嚏嗤声	>5%	+++

实验十 土壤流限和塑限的测定

土壤的流限、塑限以及二者之差——塑性指数是鉴定土壤力学性质的重要指标，对土壤的耕作栽培有着很重要的意义，通过实验，要求掌握土壤流限、塑限测定的方法以及土壤流限、塑限和塑性指数的计算。

一、土壤流限的测定

(一)方法原理

本实验介绍锥式流限仪测定的方法，此方法是以圆锥体沉入法原理为依据的，当顶角为Ψ的圆锥体沉入土体时，圆锥与土体接触面(A)的剪切强度(τ)如下：

$$\tau=\frac{P\cos\frac{\Psi}{2}}{A}=\frac{P\cos\frac{\Psi}{2}}{\pi rL}=\frac{P\cos\frac{\Psi}{2}}{\pi h^2\operatorname{tg}\frac{\Psi}{2}}$$

式中：Ψ——圆锥体顶角度数；

A——圆锥与土体接触面积(cm^2)；

r——土体表面与圆锥相切处的圆截面半径；

$$r=h\operatorname{tg}\frac{\Psi}{2}$$

L——土体表面与圆锥体相切处至圆锥顶端的距离；

$$L=\frac{h}{\cos\frac{\Psi}{2}}$$

h——圆锥入土深度。

当粘滞塑性体具有一定稠度(结持力)时，无论P值如河，值保持不变，因此，可根据这种关系测定土壤流限。用圆锥测定法测定土壤流限，规定顶角(Ψ)为30°，重76g的圆锥体沉入土体10mm时的土壤含水量为流限，按上式可算出这时土壤的抗剪强度为0.80kg/cm²。

(二)仪器设备

锥式流限仪：包括不锈钢制的圆锥体，平衡球，试杯和底座；天平(感量0.01g)；蒸发皿(直径11cm)；铜筛(孔径0.5mm)；铝盒；调土刀；凡士林；烘箱；干燥器等。

(三)操作步骤

(1)取通过0.5mm筛孔之风干土样50g左右(或取一定量的通过0.5mm筛孔的处于天然含水量的土样)放入瓷蒸发皿中，加水调拌成稠糊状，用湿布盖上，静置一夜(若采用的是天然含水量很高的土样，也可不经静置，立即调匀进行试验)。

(2)将上述样品用调土刀彻底调拌分层装入试杯，装入时需注意勿使土体内留有空隙或气泡，用刀仔细刮除多余土样直至土面与杯口齐平。

(3)将流限仪底座置于平稳桌面上，检查圆锥仪是否平衡，然后拭净量平衡锥，涂上一薄层凡士林于摊体上，握住锥体上端手柄，使锥体垂直试杯中的样品中心，然后放开手指，使锥体以其自重沉入土壤样品中。

(4)若锥体经约 15s 后,圆锥沉入深度>10mm 或<10mm,表明样品含水量高于或低于流限,此时必须取出样品于蒸发皿中重新调拌(若样品过湿,应在空气中调拌使水分蒸发,切忌用渗入风干土混合调拌的方法)。取出样品时要赐除粘有凡士林的样品。

(5)直至锥体沉入深度恰为 10mm(圆锥体环形刻度线)时,取出锥体,用调土刀挖取锥孔附近试样 10g 以上(注意不应取粘有凡士林的土)。以烘干法测其含水量,即为流限。

(四)结果计算

按下式计算土壤流限,精确到 0.1%。

$$W_r = \frac{g_1 - g_2}{g_2 - g_0} \times 100\%$$

式中:W_r ——土壤流限(%);

g_1 ——铝盒+湿样重(g);

g_2 ——铝盒+烘干重(g);

g_0 ——铝盒重(g)。

本试验每个样品均须进行两次平行测定,取其算术平均值,以整数(%)表示,其允许平行绝对误差≤2%。

此外,需注意:

(1)本方法适用于有机质<5%的土样,若土壤有机质含量在 5%~10%仍可应用,但需记录备考。

(2)每次测定后锥体必须涂抹凡士林。

二、土壤塑限的测定

(一)仪器设备

毛玻璃板(10×15cm 或 15×20cm);天平(感量 0.01g);蒸发皿(直径 11cm);铝盒、烘箱、干燥器、调土刀、滴管、直径为 3mm 铁丝等。

(二)操作步骤

(1)取通过 0.5mm 筛孔的风干土样 30g 左右(或取一定量的通过 0.5mm 筛孔的处于天然含水量的土样)放于瓷蒸发皿中,适当加水调拌,仅把土样浸湿即可,然后用湿布盖上静置一夜(若采用的是天然含水量较高的土样,也可不经静置,立即调拌进行试验);或者可直接从流限测定中已制备好的试样中取样。

(2)为在试验前使试样的含水量接近于塑限,可将试样放在手中捏揉至不粘手为止,或放在空气中稍微晾干。

(3)取含水量接近于塑限的试样一小块,甩手捏成团放在毛玻璃板上用手掌轻轻滚搓。滚搓时,要注意均匀施压,开始时可稍加压力,待接近土条直径为 3mm 时只轻轻压,同时,土条在任何情况下不容许产生中空和硬壳现象。

(4)若土样搓成直径 3mm 的土条时未产生裂缝及断裂,表示这时土样的含水量高于塑限,应将其重新捏成一团,按步骤(3)继续滚搓,直至土条直径达 3mm 时,产生裂缝,并开始断裂为止。

(5)取滚搓断裂直径为3mm的土条约4～5g,立即放入铝盒中称重(注意防止水分蒸发),测定其含水量,即为塑限。

(三)结果计算

按下式计算土壤塑限,精确至0.1%。

$$W_p = \frac{g_3 - g_4}{g_4 - g_0} \times 100\%$$

式中:W_p——土壤塑限(%);

g_3——铝盒+土样湿重(g);

g_4——铝盘+土样烘干重(g);

g_0——铝盒重(g)。

本试验须进行两次平行测定,取其算术平均值,以整数(%)表示。允许绝对平行误差,粘土组和壤土组≤2%,砂土组≤1%。

此外,需注意:

(1)对高塑性土样,搓至3mm直径而断成短条时,即可收集土样称重测其含水量,但对低塑性土样,当滚搓至3mm直径时,如已出现裂缝但并未断裂,若再搓滚又即破碎,此时即达塑性。

(2)本方法适用范围同流限测定,如土条在任何含水量情况下,始终在直径>3mm时就断裂,则认为该土样无塑限。

(3)每做完一个样品,应擦净毛玻璃板,避免影响下一样品的试验。

三、塑性指数计算

塑性指数计算公式如下:

$$I_p = W_r - W_p$$

式中:I_p——塑性指数(%);

W_r——流限(%);

W_p——塑限(%)。

实验十一　岩石及成土母质类型的野外认识

(一)实验目的

土壤是在母质上发育形成的，母质的类型，对土壤性状和肥力有很大影响。

本实验主要观察学校附近的几种主要母质，了解各类母质的分布特征和特点，以及其对土壤形成的影响。

(二)主要内容

岩石风化产物有的就地堆积，形成残积物(母质)；有的在重力、水流等作用下，搬运到其他地方，形成各种沉积物(运积母质)，运积母质有坡积、洪积、近代河流冲积、湖积、风积、冰渍，还有第四纪沉积等，现就常见的几种运积母质简介如下：

1. 残积母质

残积母质主要分布在山地丘陵顶部或坡度较大的部位，由于是就地风化未经搬运的风化物，虽然岩石碎块和各种颗粒大小都混杂分布，没有分选性，没有明显层次性，但仍可见到下层的岩石碎块比上层粗大。由于此母质来自其下的基岩，因此，此类母质的性质深受其下基岩的影响，残积母质疏松，通透性好，盐基淋失较多，发育的土壤，其 pH 值一般比较小。由于易受冲刷，其发育形成的土壤，土层较薄，土少石多。

2. 坡积母质

坡积母质主要分布在山脚及山坡坡度平缓的部位，由于风化产物经重力和雨水搬运，岩石碎块和颗粒大小极混杂，没有明显层次性，母质不是来自其下的基岩，土壤性状与异源母质的组成与性质有关，坡积母质一般较深厚，并承接上面来的各种盐基物质，所以形成的土壤层深厚，养分较丰富，pH 值较高。

3. 近代河流冲积母质

山区河谷的冲积物以卵石、砾石等物为主，中下游河谷冲积物以较细颗粒为主，这些沉积物由于经流水的长距离搬运，颗粒的分选性明显，形成离河床远近沉积物粗细不同，而呈现带状分布。由于各层沉积特点不同，上下层的颗粒粗细也有很大分异，形成明显的层次性。湖泊的静水沉积，使湖积物颗粒细，富含有机质。总之，河湖沉积母质形成的土壤，一般土层深厚，富含养分。

4. 第四纪粘土沉积物

在武昌一带有两种，一为棕褐色，具有大量铁锰胶膜的粘重土层，有人称为 Q_3 层(尚有争论，也有人认为是 Q_2 的上部)。另一种为中更新世沉积的，具有红白相间网纹的棕红色土层，称为 Q_2，一般覆盖在 Q_3 层下，由于新构造运动或因地形、冲刷和人为等原因，也可能使 Q_2 层直接出露，而无 Q_3 层覆盖其上，这样就使土壤具有复杂多样的性状，对农业利用、改良都有很大差别。

(三)实验步骤

(1)在教师带领下，在学校附近观察几种母质类型的分布特点、类型特征以及对土壤形成的影响。

(2)在观察母质类型时，结合鉴别所遇到的岩石种类，以复习巩固室内学习过的岩石鉴定特征。

实验十二 土壤水吸力的测定

土壤水吸力是反映土壤水分能态的指标，它是在水分随一定土壤吸力状况下的水分能量状态，以土壤对水的吸力来表示。植物从土壤中吸水，必须以更大的吸力来克服土壤对水的吸力，因此土壤水吸力可以直接反映土壤的供水能力以及土壤水分的运动，较之单纯用土壤含水量反映土壤水分状况更有实际意义。测定土壤水吸力是控制土壤水分状况，调节植物吸收水分和养分的一种重要手段。

(一)测定原理

本实验采用张力计测定土壤水吸力。当充满水、密封的土壤张力计插入水分不饱和的土壤后，由于土壤具有吸力，便通过张力计的陶土管壁“吸”水。陶土管是不透气的，故此时仪器内部便产生一定的真空，使负压表指示出负压力。当仪器与土壤吸力达平衡时，此负压力即为土壤水吸力。

(二)土壤张力计构造

土壤张力计由下列部件所组成：

(1)陶土管：是土壤张力计的感应部件，它有许多细小而均匀的孔隙。当陶土管完全被水浸润后，其孔隙间的水膜能让水或溶液通过而不让空气通过。

(2)负压表：是土壤张力计的指示部件，一般为汞柱负压表或弹簧管负压表。

(3)集气管：为收集仪器里的空气之用。

(三)测定方法

(1)仪器的准备。在使用土壤张力计之前，为使仪器达到最大灵敏度，必须把仪器内部的空气除尽，方法是：除去集气管的盖和橡皮塞，将仪器倾斜，注入经煮沸后冷却的无气水，注满后将仪器直立，让水将陶土管湿润，并见有水从表面滴出。在注水口塞入一个插有注射针的橡皮塞，进行抽气，此时可见真空表指针移至400mmHg左右，并有气泡从真空表中逸出，逐渐聚集在集气管中。拔出塞子，真空表指针返回原位。继续将仪器注满无气水，同上述一样抽气，重复3～4次，仪器系统中的空气便可除尽，盖好橡皮塞和集气管盖，仪器即可使用。

(2)安装。在需测量的田块上选择好有代表性的地方，以钻孔器开孔到待测深度，将张力计插入。为了使陶土管与土壤接触紧密，开孔后可撒入少量碎土于孔底，然后插入仪器，再填入少量碎土，将仪器上下移动，使陶土管与周围土壤紧接，最后再填入其余的土壤。

(3)观测。仪器安装好以后，一般需2小时到一天方可使土壤吸力平衡，平衡后便可观测读数。读数时可轻轻敲击负压表，以消除读盘内的摩擦力，使指针达到应指示的吸力刻度。一般都在早晨读数，以避免土温变化的影响。

(4)检查。使用仪器过程中，要定期检查集气管中空气容量，如空气容量超过集气管容积2/3，必须重新加水。可直接打开盖子和塞子，注入无气水，再加盖和塞密封。若这样加水会搅动陶土管与土壤接触，则需拔出重新开孔埋设。

埋在土中的陶土管至地面负压表之间有一段距离，在仪器充水时对陶土管产生一静水压力，负压表读数实际上包括这一静水压力在内，因此在读数中应减去一校正值(零位校正)，即陶土管中部至负压表的距离。一般测量表层时，此校正值忽略不计。

(四)实验作业

根据表 5-12,制作＜1bar 的水分特征曲线。

表 5-12 毫米汞柱、毫巴与帕斯卡对照表

毫米汞柱	毫 巴	帕 斯 卡	毫米汞柱	毫 巴	帕 斯 卡
1	1.33329	1.33329×10^2	400	533	533×10^2
50	67	67×10^2	450	600	600×10^2
75	100	100×10^2	500	666	666×10^2
100	133	133×10^2	550	733	733×10^2
150	200	200×10^2	600	800	800×10^2
200	267	267×10^2	650	866	866×10^2
250	333	333×10^2	700	933	933×10^2
300	400	400×10^2	750	1000	1000×10^2
350	467	467×10^2			

第六章 植物学实验

植物是自然地理环境的重要组成要素之一，是地理环境的产物和表征。植物地理实验是自然地理实践教学的重要组成部分。

实验一　植物细胞和组织观察

(一)目的要求

通过实验观察，了解植物细胞的基本构造；识别植物主要组织的类型特征及功能，为植物分类打基础。

(二)主要内容

(1)在显微镜下观察洋葱鳞片或白菜叶片的表皮细胞和番茄果肉的细胞，认识植物细胞的形态构造；

(2)观察植物各种组织的形态结构。

(三)仪器用品

生物显微镜、擦镜头纸、载玻片、镊子、解剖针、滴管、培养皿、蒸馏水、吸水纸、刀片、碘化钾溶液、绘图纸、铅笔、橡皮擦、洋葱鳞茎或番茄果肉或白菜叶。

(四)原理方法

植物表皮是由无数个蜂窝状的小腔所组成，这一个个小腔就是一个个细胞。每个细胞具有以下四个基本组成部分：

(1)细胞壁。细胞壁是植物所特有的结构，由原生质体分泌的物质所形成，它包围在细胞的最外一层。

(2)细胞质。细胞质是在细胞壁以内，细胞核以外的无色透明、半流动的胶状体，内含很多细小的颗粒，用碘化钾溶液染成浅黄色。

(3)细胞核。细胞核为细胞质的稠密部分，幼嫩的细胞核位于中央，成熟的细胞核常被液泡挤向一侧。细胞核常呈圆形或扁圆形，染色后为深绿色。

(4)液泡。液泡为细胞中稀薄透明的部分，幼嫩细胞的液泡很小，成熟细胞的液泡较大，液泡内充满着细胞液。

(五)操作步骤

1.植物细胞形态构造观察

(1)先将载玻片与盖玻片洗干净，并用吸水纸擦干，然后用滴管在载玻片的中央滴一小滴蒸馏水。

(2)用镊子撕取洋葱鳞叶表皮或白菜叶片的内表皮，切成 5mm 小块，平铺在滴有蒸馏水的载玻片上，如有不平，可用解剖针挑平。

(3)用镊子夹取盖玻片，使一边先接触载玻片上的水滴，然后慢慢盖上。应注意勿使材料溢出玻片外。

(4)用吸水纸擦干玻片与盖玻片周围的水，制成临时装片。

(5)将制成的玻片标本放在低倍显微镜下观察，注意观察细胞的形状与排练方式。然后转换高倍镜观察细胞各部分的结构，可以看到植物表皮是由很多细胞组成。选择1～2个典型的细胞，识别细胞壁、细胞质、细胞核、液泡。

(6)观察洋葱鳞叶表皮细胞后，可取番茄果肉少许装成临时装片，比较它们与洋葱鳞叶内表皮细胞的形状、排列和颜色等都有哪些不同。

2.植物组织观察

(1)分生组织观察；

(2)保护组织的观察；

(3)营养组织的观察；

(4)机械组织的观察；

(5)输导组织的观察；

(6)分泌组织的观察。

(六)注意事项

(1)在用显微镜观察洋葱鳞叶表皮和番茄果肉细胞时，应注意区分细胞和气泡，不要把气泡当作细胞。在显微镜下看到的气泡，由于水的折光率不同，其外围为一黑圈，中间发亮，易于区别。

(2)在观察植物组织时，要详细观察各种组织的特点，不要搞乱。

实验二 植物叶的形态观察

(一)实验目的和要求

识别植物叶子的形态类型,掌握描述植物叶子形态的术语和方法。

(二)实验条件和设施

(1)解剖扩大镜或放大镜、镊子、解剖针;

(2)采集到的植物形态的叶子标本:大红花、夹竹桃、黄槐、山指甲、小驳骨、五爪金龙。

(三)实验方案与步骤

观察所给的植物标本,重点观察叶子的形态,依次对叶序、叶片形态、叶尖、叶基、叶缘、叶脉等进行观察,将观察结果详细记录。

(1)叶序。叶在茎上的排列次序称为叶序。叶序可分为互生、对生、轮生、簇生和基生。

(2)单叶和复叶。凡是一个叶柄上生一个叶子的称为单叶;在一个总叶柄上,生有两个或多个小叶的称为复叶。单叶与复叶一般可以根据芽的着生情况判断。复叶的形态有三出复叶、掌状复叶和羽状复叶等。

(3)叶片形态。叶片形态包括卵形、椭圆形、长圆形、圆形、倒卵形、披针形、倒披针形、线形等。

(4)叶尖形态。叶尖形态有钝形、渐尖、急尖、刺尖、尾尖、微凸。

(5)叶基形态。叶基形态包括楔形、圆形、心形、箭形、戟形、偏斜形、耳形、抱茎、穿茎。

(6)叶缘形态。叶缘形态包括全缘、波状、齿状、缺刻。

(7)叶脉形态。叶脉形态包括羽状网脉、掌状网脉、直出平行脉、横出平行脉、射出平行脉、弧形脉、叉状脉。

(四)实验作业与总结

(1)观察所给的植物(大红花、夹竹桃、黄槐、山指甲、小驳骨、五爪金龙)的叶片,把观察到叶片的各种形态,如叶序、单复叶、叶片形态、叶尖形态、叶基形态、叶缘形态、叶脉形态等填写到表格中(见表 6-1)。

表 6-1 植物叶片的各种形态

叶的类型	植物名称					
	大红花	夹竹桃	黄槐	山指甲	小驳骨	五爪金龙
叶序	互生	轮生	小叶对生 大叶互生	互生与对生并存	对生	互生
托叶	有	无	无	有	无	无
叶片形状	卵形	线形	倒卵形	卵形	披针形	卵形
叶脉	掌状	横出平行脉	羽状	羽状网脉	羽状	羽状
叶尖	渐尖	急尖	微凹	刺尖形	渐尖	尾尖形

续表 6-1

叶的类型	植物名称					
	大红花	夹竹桃	黄槐	山指甲	小驳骨	五爪金龙
叶基	圆形	楔形	偏斜形	园形	楔形	楔形
叶缘	齿状	全缘	全缘	波状	波状	全缘
单叶或复叶	单叶	单叶	复叶	单叶	单叶	复叶

(2)总结:如何区分单复叶呢?

单叶由一个叶柄和一张叶片组成,叶柄基部有腋芽,各叶自成一平面,脱落时,叶柄、叶片同时脱落。复叶在总叶柄或叶轴上生着许多小叶,各小叶常具小叶柄,总叶柄基部有腋芽,各小叶基部无腋芽,许多小叶片在总叶柄或叶轴上排成一个平面,脱落时,小叶先落,总叶柄或叶轴最后脱落。

实验三 植物分类学实验

(一)实验目的

通过植物地理学的实践教学,应该使学生初步掌握种子植物分类的基本知识,了解种子植物一些常见科属的主要特征,初步学会鉴别物种的方法。

(二)实验仪器设备及材料

投影仪(片)、显微镜、实体显微镜、相关切片、装片、镊子、放大镜、刀片、枝剪、植物蜡叶标本、生活的植物体等。

(三)实验内容和步骤

1.校园内种子植物的观察

到校园内(温室或花房、行道、草地等)对生活的种子植物(裸子植物、被子植物)进行认真的观察和比较,在实验教师的指导下,对校园内出现的各种种子植物进行识别见习,了解各种植物生物学习性、形态特征、地理分布、经济价值等内容,通过鉴别分析,注意归纳校园内常见植物所归属的科、属的主要特征,进一步巩固和加强课堂所学的知识。

2.室内观察

到实验室以所陈列的植物标本作为主要实验对象,同时观看植物分类影像资料,分别观察蕨类植物、裸子植物、双子叶植物、单子叶植物的典型标本,归纳各大类群植物的主要特点,理解植物分类的主要原则和依据,了解被子植物的主要分类系统,了解北方主要植被类型(落叶阔叶林、寒温性针叶林、草原及高山草甸等)建群种和优势种的主要特征和识别方法。

(四)复习思考题

(1)对校园内常见的裸子植物、被子植物分别进行总结整理。要求明确每种植物的名称,所归属的科、属、种,生物学特征,主要经济价值。

(2)对松科、木兰科、壳斗科、蔷薇科、蝶形花科、伞形科、唇形科、菊科、禾本科的主要特征进行总结(要求至少涉及四个方面:即生物学特性、叶及其特征、花的特征、种子及果实)。

实验四　植物区系、植物群落野外实习

(一)实验目的

通过植物地理学的实践教学,学会区域植物区系研究的基本方法,对一个地区植物区系的基本特征能做出初步的分析,对区域植物区系资源的合理利用能提出初步的建议;初步掌握植物群落调查的基本方法,了解植被资源开发利用的有关理论。

(二)实验仪器设备及材料

枝剪、高枝剪、放大镜、镊子、标本箱、望远镜、罗盘、小铁铲、直尺、照相机、实习区域的植被图、航片、地形图等。

(三)实习内容和步骤

(1)实习开始之前,了解实习地区的自然地理概况及社会经济概况,植物区系及植被的基本情况,思考现代自然地理环境尤其是气候条件、古地理环境以及人类社会活动对实习地区植物区系和植被的影响,了解实习地区在我国(或当地)植物区系分区及植被分区中的位置。

(2)在地形图上初步确定实习调查路线,为实地的路线实习观察植物、了解植被分带现象、进行群落样方调查作好准备。

(3)结合实习地区有关植物区系和植被的资料,现场感受实习地区的植物区系和植被类型特点,分析植物分布、植被分布和环境条件之间的关系,对实习地区主要植被的植物区系组成进行归纳总结,思考实习地区植物资源的开发利用和保护。

(4)掌握植物标本野外的采集方法,掌握植物群落的样方调查方法,学会植物群落的识别、分类及命名。

(四)复习思考题(任选一个)

(1)撰写一份有关实习地区种子植物区系特征的实习报告。要求如下:

①实习地区自然地理概况(地理位置、地质地貌、气候水文、土壤动物)和社会经济概况;

②实习地区植物区系的基本特征(区系组成、起源、地理成分、特有现象等);

③实习地区植物区系分区概况,植物资源的开发利用。

(2)撰写一份有关实习地区植物群落主要特征的实习报告。要求如下:

①实习地区自然地理概况(地理位置、地质地貌、气候水文、土壤动物)和社会经济概况;

②实习地区主要的植物群落概述(主要类型、所处的气候条件、外貌与结构、优势种和建群种、垂直分布规律等);

③实习地区植被资源的开发利用和保护。

实验五 植物标本的采集与压制

(一)目的与要求

通过实验学会采集和压制植物标本的方法,认识一定数量的植物种类。

(二)主要内容

选择某一地点或野外实习基地,以小组为单位,采集植物标本(每人 10～20 份),记录、压干、订制和填写标签。

(三)仪器用品

植物标本夹、吸水纸、台纸、针线绳、枝剪、塑料袋、植物采集记录表、植物标签、笔记本、铅笔、望远镜等。

(四)原理方法

1. 标本采集要求

标本力求完整,尽可能将花、果、叶、根、茎、叶都采齐。采集草本植物时,要用小铲将全株掘起,将泥土弄干净。若植株较大时,压制时可弯折成“V”字形或“N”字形。采集木本植物时,只采集枝叶花果的枝端。

2. 标本的编号登记

每份标本需挂号牌,每种植物如重复多采时挂相同号牌。每号标本要做记录。

3. 标本的压制

把植物展开摆平放在吸水性较强的几层纸内,不使枝叶重叠太厚,不要过分修饰改变原样,然后外面夹上标本夹,用绳子将其捆紧,然后将捆好的标本夹放在日光下或通风处,使之尽快失水。标本每日换纸 1～2 次,渐干后可以少换纸或不换。标本干燥后,用纸条、针线和透明胶带固定在洁白坚硬的台纸上,同时附以采集记录,即制成腊叶标本。标本应存放在封闭干燥的植物标本室,并按科、属分类存放,以便查找。

(五)注意事项

(1)采集记录要在采集时进行,避免追认发生错误,特别是植物的花和果,压制后颜色、大小等容易发生变异,故要及时记录。

(2)装订标本时,可适当修整,保持标本的美观性,但还要注意科学性,如原来对生叶片,去掉一片后,容易让人认为是互生叶造成错觉。

(3)腊叶标本的质地干脆易断,使用和搬动时要注意保护。

实验六　植物检索表的编制及使用方法

(一)目的与要求

通过植物检索表类型的介绍、编制及使用方法的讲述,使学生能基本掌握和使用检索表。

(二)用品与材料

(1)用品:中国高等植物科属检索表或地区性植物检索表。

(2)材料:选择有代表性植物标本作为检索和编制对象。

(三)内容与方法

简要介绍植物检索表的类型和式样,讲述编制植物检索表需要注意的事项及使用检索表的方法,然后练习检索和编制植物检索表。

1.植物检索表的编制

植物检索表通常是根据两歧分类的原理(即用成对的相对性状进行比较),以将各种植物的对立特征按一定的格式编制而成。具体地说,就是对有关植物进行解剖、观察,并在此基础上对一些关键性特征进行比较、分析,找出其相同点和对立特征,按两两对比排列方式,把有某类相同特征的植物的有关性状列在一项,把有与之对应的不同特征的一类植物的有关性状放在另一项下,然后在同一项下的植物中,再根据其对应的其他不同特征,作同样的划分,如此反复归类,按两歧方式编排,直至得出最后的植物名称(即不同类群如科、属、种的名称)。

编制检索表一定要选择明显对应的特征作为划分项目的依据,尽量避免选用渐次过渡的特征。

植物检索表是用于查阅和鉴定植物种类的工具,同时亦是一种分类学文献,对各分类等级——门、纲、目、科、属、种等都可以编制检索表,其中科、属、种的检索表最为重要,也最常用。通常各类植物志如《中国植物志》《秦岭植物志》和一般分类书籍中均有分科、分属或分种的检索表,有的还单独成书,如《中国高等植物科属检索表》等。

2.植物检索表的类型

植物检索表依照不同的格式通常分为三种,即定距检索表、平行检索表和连续平行检索表。

(1)定距检索表。

这是一种较为古老而又常见的检索表,《中国植物志》《福建植物志》等均采用这种形式的检索表,该检索表的特点是将不同类群的植物(不同分类阶层如科、属、种)的每一对相对应的特征给予同一号码,排列在书页左边彼此间隔一定距离处,并采用渐次内缩的排列方法(即每一对相对特征均比上一对相对的特征内缩一格),如此将一对对相对特征依次编排下去,直至排列到出现科、属、种等各分类等级的名称为止。

例:高等植物分门检索表(定距式)

1.植物体无花、无种子,以孢子繁殖。

　2.植物体有茎、叶分化或为扁平的叶状体,无真根和维管束 ………………… 苔藓植物门

　2.植物体既有茎、叶分化,也有真根和维管束 ………………………………… 蕨类植物门

1.植物体有花,以种子繁殖。

3.胚珠裸露,不包于子房内……………………………………………………… 裸子植物门

3.胚珠包于子房内 ……………………………………………………………… 被子植物门

这种检索表虽然查找起来较为方便,但如果编排的特征内容(即所涉及的分类群)较多,会使检索表的文字叙述向右过多偏斜而浪费较多的篇幅,同时还会出现两对应特征的项目相距较远的不足。

(2)平行检索表。

平行检索表将不同类群的植物(或不同分类阶层如科、属、种)的每一对相对应的特征给予同一号码,相邻编排在一起,两两平行,每一自然段均顶格,故称为平行检索表。在每段特征描述之末,标有继续查找的指示数字(号码),引导读者查阅另一对相应的特征,如此继续下去,直到查到与特征相符的某一类群的名称(科、属、种等各分类阶层的名称)为止。

例:高等植物分门检索表(平行式)

1.植物体无花、无种子,以孢子繁殖……………………………………………………………… 2

1.植物体有花,以种子繁殖 ……………………………………………………………………… 3

2.植物体有茎、叶分化或为扁平的叶状体,无真根和维管束 ………………… 苔藓植物门

2.植物体既有茎、叶分化,也有真根和维管束 …………………………………… 蕨类植物门

3.胚珠裸露,不包于子房内…………………………………………………………… 裸子植物门

3.胚珠包于子房内 …………………………………………………………………… 被子植物门

平行检索表,由于各项特征均排列在书页左边的同一直线上,既美观、整齐又节省篇幅,但它不足的是没有定距检索表那样醒目易查。《苏联植物志》中采用的检索表即为这种形式。

(3)连续平行检索表。

连续平行检索表吸取了定距检索表和平行检索表的优点,与上述两者不同的是每个相应的特征之前均有两个不同的号码,如所解剖观察的特征与第一号码相同,则按号码顺序依次往下查,如与观察的特征相悖,就根据第2个号码所提供的数字查找下面标有同一号码的(指与下面第一号码相同)特征描述,并与其相对照,如此继续,直到查到与特征相符的某一类群的名称。

例:植物分门检索表(连续平行式)

1(6)植物体无花、无种子,以孢子繁殖。

2(5)植物体有花,以种子繁殖。

3(4)植物体有茎、叶分化或为扁平的叶状体,无真根和维管束 ……………… 苔藓植物门

4(3)植物体既有茎、叶分化,也有真根和维管束 ……………………………… 蕨类植物门

5(2)胚珠裸露,不包于子房内…………………………………………………… 裸子植物门

6(1)胚珠包于子房内 ……………………………………………………………… 被子植物门

连续平行检索表由于每个特征描述前均有两个不同的号码,便于对照,使用较为方便,同时每一自然段均顶格,并在书页左边排成一纵向直线,显得整齐也节约篇幅,因而在现时植物检索表中被广泛采用。《中国植物志》的某些分册也采用这种检索表。但对于初学编制检索表的人而言,连续平行检索表不易掌握,亦较费时。

3.植物检索表的使用

在使用检索表鉴定植物时,首先对所要鉴定的植物的有关器官进行详尽观察,并对花的各个部分进行仔细的解剖,用植物学术语记下它的特征,写出它的花程式,作为查找检索表的依

据，如对所鉴定的植物一无所知，就必须按分纲、分目、分科、分属、分种检索表进行查对，最后确定其植物名称。

要想比较熟练地使用检索表鉴定植物，必须多观察、多解剖，特别对花中的胎座类型、子房位置、心皮数目、胚珠数等需认真观察。仔细解剖、正确描述是使用好检索表的基础。

第七章 环境学实验

环境科学的研究对象是一个很复杂的综合体系即人类—地球环境系统，包含地学、化学、生物及生态等各种现象和过程。

实验一 废水中固体悬浮物的测定

（一）目的和要求

（1）了解悬浮固体的基本概念；

（2）掌握悬浮固体测定的基本方法。

（二）原理

悬浮固体指剩留在滤料上并在 103℃～105℃温度下烘至恒重的固体。测定的方法是将水样通过滤料后，烘干固体残留物及滤料，将所称重量减去滤料重量，即为悬浮固体（总不可滤残渣）的重量。

（三）仪器和试剂

（1）烘箱；

（2）分析天平；

（3）干燥器；

（4）孔径为 0.45um 的滤膜及相应的滤器或中速定量滤纸；

（5）玻璃漏斗；

（6）内径为 30～50 mm 称量瓶。

（四）实验步骤

（1）将滤膜放在称量瓶中，打开瓶盖，在 103℃～105℃烘干 2 小时，取出冷却后盖好瓶盖称重，直至恒重（两次称重相差不超过 0.0005g ）。

（2）去除漂浮物后，振荡水样，量取均匀适量水样（使悬浮物大于 2.5mg ），通过两次称至恒重的滤膜过滤；用蒸馏水洗残渣 3～5 次。如样品中含油脂，用 10mL 石油醚分两次洗残渣。

（3）小心取下滤膜，放入原称量瓶内，在 103℃～105℃烘箱中，打开瓶盖烘 2h ，冷却后盖好盖称重，直至恒重为止。

（五）数据处理

悬浮固体 $C(mg/L)=\frac{A-B}{V}\times 10^6$

式中：A——悬浮固体＋滤膜及称重瓶重(g)；

B——滤膜及称重瓶重(g);

V——水样体积(mL)。

(六)注意事项

(1)采集的水样应尽快分析测定。如需放置,应贮存在4℃冷藏箱中,但时间最长不得超过七天。

(2)树叶、木棒、水草等杂质应先从水中去除。

(3)废水粘度高时,可加2～4倍蒸馏水稀释,振荡均匀,待沉淀物下降后再过滤;也可采用石棉坩锅进行过滤。

实验二 水质氨氮的测定

氨氮(NH_3-N)以游离氨(NH_3)或铵盐(NH_4^+)形式存在于水中,两者的组成比取决于水的 pH 值和水温。当 pH 值偏高时,游离氨的比例较高。反之,则铵盐的比例高,水温则相反。

氨氮的测定方法主要有纳氏比色法、气相分子吸收法、苯酚—次氯酸盐(或水杨酸—次氯酸盐)比色法和电极法等。本节将主要介绍纳氏比色法和蒸馏—酸滴定法。

(一)目的和要求

(1)掌握水样预处理的方法;

(2)掌握氨氮的测定原理及测定方法的选择;

(3)掌握分光光度计的使用方法,学习标准系列的配制和标准曲线的制作。

(二)水样的保存及预处理

水样采集在聚乙烯瓶或玻璃瓶内,并应尽快分析,必要时可加硫酸将水样酸化至 pH<2,在 2℃~5℃下存放。酸化样品应注意防止吸收空气中的氮而遭致污染。

水样带色或浑浊以及含其他一些干扰物质时,会影响氨氮的测定。为此,在分析时需做适当的预处理。对较清洁的水,可采用絮凝沉淀法;对污染严重的水或工业废水,则以蒸馏法使之消除干扰。

1. 絮凝沉淀法

加适量的硫酸锌于水样中,并加氢氧化钠使呈碱性,生成氢氧化锌沉淀,再经过滤去除颜色和浑浊等。

(1)仪器:100mL 具塞量筒或比色管。

(2)试剂:

①10%(m/V)硫酸锌溶液:称取 10g 硫酸锌溶于水,稀释至 100mL。

②25%氢氧化钠溶液:称取 25g 氢氧化钠溶于水,稀释至 100mL,贮于聚乙烯瓶中。

③硫酸:$\rho=1.84$。

(3)步骤。

取 100mL 水样于具塞量筒或比色管中,加入 1mL 10%硫酸锌溶液和 0.1~0.2mL 25%氢氧化钠溶液,调节 pH 至 10.5 左右,混匀。放置使之沉淀,用经无氨水充分洗涤过的中速滤纸过滤,弃去初滤液 20mL。

2. 蒸馏法

调节水样的 pH 使之在 6.0~7.4 的范围,加入适量氧化镁使之呈微碱性(也可加入 pH9.5 的 $Na_4B_4O_7-NaOH$ 缓冲溶液使之呈弱碱性进行蒸馏;pH 过高能促使有机氮的水解,导致结果偏高),蒸馏释出的氨,被吸收于硫酸或硼酸溶液中。采用纳氏比色法或酸滴定发时,以硼酸溶液为吸收液;采用水杨酸—次氯酸比色法时,则以硫酸溶液为吸收液。

(1)仪器。

带氮球的定氮蒸馏装置:500mL 凯氏烧瓶、氮球、直形冷凝管和导管。

(2)试剂。

水样稀释及试剂配制均用无氨水。

①无氨水制备。

A. 蒸馏法：每升蒸馏水中加 0.1mL 硫酸，在全玻璃蒸馏器中重蒸馏，弃去 50mL 初滤液，接取其余馏出液于具塞磨口的玻瓶中，密塞保存。

B. 离子交换法：使蒸馏水通过强酸性阳离子交换树脂柱。

②1mol/L 盐酸溶液。

③1mol/L 氢氧化钠溶液。

④轻质氧化镁(MgO)：将氧化镁在 500℃下加热，以除去碳酸盐。

⑤0.05%溴百里酚蓝指示液(pH6.0～7.6)。

⑥防沫剂，如石蜡碎片。

⑦吸收液：硼酸溶液：称取 20g 硼酸溶于水稀释至 1L；硫酸(H_2SO_4)溶液：0.01mol/L。

(3)步骤。

①蒸馏装置的预处理：加 250mL 水于凯氏烧瓶中，加 0.25g 轻质氧化镁和数粒玻璃珠，加热蒸馏，至馏出液不含氨为止，弃去瓶内残渣。

②分取 250mL 水样(如氨氮含量较高，可分取适量并加水至 250mL，使氨氮含量不超过 2.5mg)，移入凯氏烧瓶中，加数滴溴百里酚蓝指示液，用氢氧化钠溶液或盐酸溶液调至 pH 值为 7 左右。加入 0.25g 轻质氧化镁和数粒玻璃珠，立即连接氮球和冷凝管，导管下端插入吸收液液面下。加热蒸馏至馏出液达 200mL 时，停止蒸馏。定容至 250mL。

采用酸滴定法或纳氏比色法时，以 50mL 硼酸溶液为吸收液，采用水杨酸—次氯酸盐比色法时，改用 50mL 0.01mol/L 硫酸溶液为吸收液。

(4)注意事项。

①蒸馏时应避免发生暴沸，否则可造成馏出液温度升高，氨吸收不完全。

②防止在蒸馏时产生泡沫，必要时加入少量石蜡碎片于凯氏烧瓶中。

③水样如含余氯，则应加入适量 0.35%硫代硫酸钠溶液，每 0.5mL 可除去 0.25mg 余氯。

一、纳氏试剂光度法

(一)实验原理

碘化汞和碘化钾与氨反应会生成淡红棕色胶态化合物，此颜色在较宽的波长内会被强烈吸收。通常测量用 410～425nm 范围。

(二)实验仪器

(1)分光光度计；

(2)pH 计；

(3)20mm 比色皿；

(4)50mL 比色管。

(三)实验试剂

(1)纳氏试剂：可任择以下两种方法中的一种配制。

①称取 20g 碘化钾溶于约 100mL 水中，边搅拌边分次少量加入二氯化汞结晶粉末(约 10g)，至出现朱红色沉淀不易溶解时，改为滴加饱和二氯化汞溶液，并充分搅拌，当出现微量

朱红色沉淀不易溶解时，停止滴加二氯化汞溶液。

另称取 60g 氢氧化钾溶于水，并稀释至 250mL，充分冷却至室温后，将上述溶液在搅拌下，徐徐注入氢氧化钾溶液中，用水稀释至 400mL，混匀。静置过夜。将上部清液移入聚乙烯瓶中，密塞保存待用。

②称取 16g 氢氧化钠，溶于 50mL 水中，充分冷却至室温。

另称取 7g 碘化钾和 10g 碘化汞溶于水，然后将此溶液在搅拌下徐徐注入氢氧化钠溶液中，用水稀释至 100mL，贮于聚乙烯瓶中，密塞保存待用。

(2)酒石酸钾钠溶液：称取 50g 酒石酸钾钠（$KNaC_4H_4O_6 \cdot 4H_2O$）溶于 100mL 水中，加热煮沸以去除氨，放冷，定容至 100mL。

(3)铵标准贮备溶液：称取 3.819g 经 100℃干燥过的优级纯氯化铵（NH_4Cl）溶于水中，移入 1000mL 容量瓶中，稀释至标线。此溶液每毫升含 1.00mg 氨氮。

(4)铵标准使用液：移取 5.00mL 铵标准贮备液（同试剂(3)）于 500mL 容量瓶中，用水稀释至标线。此溶液每毫升含 0.010mg 氨氮。

(四)实验步骤

1. 标准曲线的制作

(1)吸取 0、0.50、1.00、3.00、5.00、7.00 和 10.00mL 铵标准使用液（同试剂(4)）于 50mL 比色管中，加水至标线，加 1.0mL 酒石酸钾钠溶液（同试剂(2)），摇匀。加 1.5mL 纳氏试剂（试剂(1)中的①或②），混匀。放置 10min 后，在波长 420nm 处，用光程 20mm 比色皿，以水为参比，测量吸光度。

(2)由测得的吸光度减去空白的吸光度后，得到校正吸光度，以上述氨氮含量(mg)对应校正吸光度的统计回归作为标准曲线。

2. 水样的测定

(1)分取适量经絮凝沉淀预处理后的水样（使氨氮含量不超过 0.1mg），加入 50mL 比色管中，稀释至标线，加 1.0mL 酒石酸钾钠溶液。以下同标准曲线的制作。

(2)分取适量经蒸馏预处理后的馏出液，加入 50mL 比色管中，加一定量 1mol/L 氢氧化钠溶液以中和硼酸，稀释至标线。加 1.5mL 纳氏试剂，混匀。放置 10min 后，同标准曲线制作步骤测量吸光度。

3. 空白实验

以无氨水代替水样，做全程序空白测定。

(五)结果计算

由水样测得的吸光度减去空白实验的吸光度后，用标准曲线计算出氨氮含量 m(mg)值，结果计算公式：

$$\text{氨氮}(N, mg/L) = \frac{m}{V} \times 1000$$

式中：m——由标准曲线查得的氨氮量(mg)；

V——水样体积(mL)。

(六)注意事项

(1)纳氏试剂中碘化汞与碘化钾的比例，对显色反应的灵敏度有较大影响。静置后生成的沉淀应去除。

(2)滤纸中常含痕量铵盐,使用时注意用无氨水洗涤。所用玻璃器皿应避免实验室空气中氨的污染。

(3)脂肪胺、芳香胺、醛类、丙酮、醇类和有机氯胺类等有机化合物,以及铁锰镁和硫等无机离子,因产生异色或浑浊而引起干扰,水中颜色和浑浊亦影响比色,因此应进行预处理。

(4)本方法最低检出浓度为0.025mg/L(光度法),测定上限为2mg/L。采用目视比色法,最低检出浓度为0.02mg/L。

(5)水样经适当的预处理后,本法可适用于地表水、地下水、工业废水和生活污水中氨氮的测定。

二、滴定法

(一)实验原理

滴定法仅适用于已进行蒸馏预处理的水样。调节试样至pH6.0～7.4范围,加入氧化镁使之呈微碱性。加热蒸馏,释出的氨被硼酸溶液吸收,以甲基红－亚甲蓝为指示剂,使用酸标准溶液滴定馏出液中的铵。

(二)实验试剂

(1)混合指示液:称取200mg甲基红溶于100mL 95%乙醇;另称取100mg亚甲蓝溶于50mL 95%乙醇。以两份甲基红溶液与一份亚甲蓝溶液混合后供使用(可使用一个月)。

注意:为使滴定终点明显,必要时添加少量甲基红溶液或亚甲蓝溶液于混合指示液中,以调节二者的比例至合适为止。

(2)0.05%甲基橙指示剂:称取甲基橙50mg溶于100mL水中。

(3)(1+9)硫酸溶液:量取1份硫酸($\rho=1.84$)与9份水混合均匀。

(4)硫酸标准溶液($1/2H_2SO_4=0.020mol/L$):

分取5.6mL(1+9)硫酸溶液(同试剂(3))于1000mL容量瓶中,稀释至标线,混匀。按下述操作进行标定。

标定方法:称取经180℃干燥2h的基准试剂级无水碳酸钠(Na_2CO_3)约0.5g(准确称取至0.0001g),溶于新煮沸已冷却的水中,移入500mL容量瓶中,稀释至标线。移取25mL碳酸钠溶液于150mL锥形瓶中,加25mL水,加1滴0.05%甲基橙指示剂,用硫酸溶液滴定至淡橙红色为止。记录用量,用下式计算硫酸标准溶液的浓度:

$$\text{硫酸标准溶液浓度}M(1/2H_2SO_4,mol/L)=\frac{W\times 1000}{V\times 52.995}\times\frac{25.00}{500.0}$$

式中:W——碳酸钠的重量(g);

V——硫酸标准溶液的体积(mL);

52.995——($1/2Na_2CO_3$)摩尔质量(g/mol)。

(三)实验步骤

1.水样的测定

在全部经蒸馏预处理、以硼酸溶液为吸收液的馏出液中,加2滴混合指示液(同试剂(1)),用标定过的硫酸溶液(同试剂(4))滴定至绿色转变成淡紫色为止,记录硫酸标准溶液的用量。

2.空白实验

以无氨水代替水样，同水样处理及滴定的全程序步骤进行测定。

(四)结果计算

氨氮计算公式为：

$$\text{氨氮}(N, mL/L) = \frac{(A - B) \times M \times 14 \times 1000}{V}$$

式中：A——滴定水样时消耗硫酸标准溶液体积(mL)；

B——空白试验消耗硫酸标准溶液体积(mL)；

M——硫酸标准溶液浓度(mol/L)；

V——水样体积(mL)；

14——氨氮(N)摩尔质量。

(五)注意事项

(1)当水样中含有可被蒸馏出并在滴定时能与酸反应的物质，如挥发性胺类等，则将使测定结果偏高。

(2)使用205mL水样，实际测定的最低检出浓度为含氮0.2mg/L。

实验三　水中挥发酚类的测定

挥发酚类通常指沸点在230℃以下的酚类，属一元酚，是高毒物质。生活饮用水和Ⅰ、Ⅱ类地表水水质限值均为0.002mg/L，污染中最高容许排放浓度为0.5mg/L(一、二级标准)。测定挥发酚类的方法有4－氨基安替比林分光光度法、溴化滴定法、气相色谱法等。本实验采用4－氨基安替比林分光光度法测定废水中的挥发酚。

(一)方法原理

用蒸馏法使挥发性酚类化合物蒸馏出，并与干扰物质和固定剂分离。由于酚类化合物的挥发速度是随馏出液体积而变化，因此，馏出液体积必须与试样体积相等。

被蒸馏出的酚类化合物，于pH 10.0±0.2介质中，在铁氰化钾存在下，与4—氨基安替比林反应会生成橙红色的安替比林染料。

(二)实验目的和要求

(1)掌握用蒸馏法预处理水样的方法和用分光光度测定挥发酚的实验技术；

(2)掌握测定方法原理，分析影响实验测定准确度的因素。

(三)仪器

(1)500mL全玻璃蒸馏器；

(2)50mL具塞比色管；

(2)分光光度计。

(四)试剂

(1)无酚水：于1L中加入0.2g经200℃活化0.5h的活性炭粉末，充分振摇后，放置过夜。用双层中速滤纸过滤，滤出液储于硬质玻璃瓶中备用。或加氢氧化钠使水呈强碱性，并滴加高锰酸钾溶液至紫红色，移入蒸馏瓶中加热蒸馏，收集馏出液备用。

(2)硫酸铜溶液：称取50g硫酸铜($CuSO_4 \cdot 5H_2O$)溶于水，稀释至500mL。

(3)磷酸溶液：量取10mL85%的磷酸用水稀释至100mL。

(4)苯酚标准储备液：称取1.00g无色苯酚溶于水，移入1000mL容量瓶中，稀释至标线，置于冰箱内备用。该溶液按下述方法标定：

吸取10.00mL苯酚标准储备液于250mL碘量瓶中，加100mL水和10.00mL 0.1000mol/L溴酸钾—溴化钾溶液，立即加入5mL浓盐酸，盖好瓶塞，轻轻摇匀，于暗处放置10min。加入1g碘化钾，密塞，轻轻摇匀，于暗处放置5min后，用0.125mol/L硫代硫酸钠标准溶液滴定至淡黄色，加1mL淀粉溶液，继续滴定至蓝色刚好褪去，记录用量。以水代替苯酚储备液做空白试验，记录硫代硫酸钠标准溶液用量。苯酚储备液浓度按下式计算：

$$苯酚(mg/L)=\frac{(V_1-V_2)\cdot C\times 15.68}{V}$$

式中：V_1——空白试验消耗硫代硫酸钠标准溶液量(mL)；

V_2——滴定苯酚标准储备液时消耗硫代硫酸钠标准溶液量(mL)；

V——取苯酚标准储备液体积(mL)；

C——硫代硫酸钠标准溶液浓度(mol/L)；

15.68——苯酚摩尔($1/6C_6H_5OH$)质量(g/mol)。

(5)缓冲溶液(pH约为10):称取2g氯化铵(NH_4Cl)溶于100mL氨水中,加塞,置于冰箱中保存。

(6)2%(m/V)4—氨基安替比林溶液:称取4—氨基安替比林($C_{11}H_{13}N_3O$)2g溶于水,稀释至100mL,置于冰箱内保存。可使用一周。

注:固体试剂易潮解、氧化,宜保存在干燥器中。

(7)8%(m/V)铁氰化钾溶液:称取8g铁氰化钾{$K_3[Fe(CN)_6]$}溶于水,稀释至100mL,置于冰箱内保存。可使用一周。

(五)测定步骤

1.水样预处理

(1)量取250 mL水样置于蒸馏瓶中,加数粒小玻璃珠以防暴沸,再加2滴甲基橙指示液,用磷酸溶液调节至pH4(溶液呈橙红色),加5.0 mL硫酸铜溶液(如采样时已加过硫酸铜,则适量补加)。

如加入硫酸铜溶液后产生较多量的黑色硫化铜沉淀,则应摇匀后放置片刻,待沉淀后,再滴加硫酸铜溶液,至不再产生沉淀为止。

(2)连接冷凝器,加热蒸馏,至蒸馏出约225 mL时,停止加热,放冷。向蒸馏瓶中加入25 mL水,继续蒸馏至馏出液为250 mL为止。

蒸馏过程中,如发现甲基橙的红色褪去,应在蒸馏结束后,再加1滴甲基橙指示液。如发现蒸馏后残液不呈酸性,则应重新取样,增加磷酸加入量,进行蒸馏。

2.标准曲线的绘制

于一组7支50mL比色管中,分别加入0、0.50、1.00、3.00、5.00、7.00、10.00mL苯酚标准中间液,加0.5mL缓冲溶液,混匀,此时pH值为10.0±0.2;加4—氨基安替比林溶液1.0mL,混匀。再加1.0mL铁氰化钾溶液,充分混匀,加水至50 mL标线。放置10min后立即于510nm波长处,用10mm比色皿,以水为参比,测量吸光度。经空白校正后,绘制吸光度对苯酚含量(mg)的标准曲线。

3.水样的测定

分取适量馏出液于50mL比色管中,稀释至50mL标线。用与绘制标准曲线相同步骤测定吸光度,计算减去空白试验后的吸光度。空白试验是以水代替水样,经蒸馏后,按与水样相同的步骤测定。水样中挥发酚类的含量按下式计算:

$$\text{挥发酚类(以苯酚计,mg/L)}=\frac{m}{V}\times 1000$$

式中:m——水样吸光度经空白校正后从标准曲线上查得的苯酚含量(mg);

V——移取馏出液体积(mL)。

(六)结果处理

(1)绘制吸光度—苯酚含量(mg)标准曲线,实验数据记录及处理见表7-1。

(2)计算所取水样中挥发酚类含量(以苯酚计,mg/L)。

表 7-1 实验数据记录及处理

样品号	体积 V(mL)	浓度 c(mg/L)	吸光度 A	回归方程	相关系数
标准 1	0	0			
标准 2	0.5	0.1			
标准 3	1	0.2			
标准 4	3	0.6			
标准 5	5	1			

(3)根据实验情况,分析影响测定结果准确度的因素。

(七)注意事项

(1)如水样含挥发酚较高,移取适量水样并加至 250mL 进行蒸馏,则在计算时应乘以稀释倍数。如水样中挥发酚类浓度低于 0.5mg/L 时,采用 4—氨基安替比林萃取分光光度法。

(2)当水样中含游离氯等氧化剂,硫化物、油类、芳香胺类及甲醛、亚硫酸钠等还原剂时,应在蒸馏前先做适当的预处理。

实验四　水中铬的测定

(一)目的

(1)掌握水中Cr^{6+}和总Cr的测定；

(2)熟悉分光光度计的使用及标准曲线的绘制。

(二)原理

在酸性溶液中，六价铬离子与二苯碳酰二肼反应，会生成紫红色化合物，其最大吸收波长为540nm，吸光度与浓度的关系符合比尔定律。如果测定总铬，需先用高锰酸钾将水样中的三价铬氧化为六价，再用测六价铬离子的方法测定。

一、六价铬的测定

(一)仪器

(1)分光光度计、比色皿(1cm、3cm)。

(2)50mL具塞比色管、移液管、容量瓶等。

(二)试剂

(1)丙酮。

(2)(1+1)硫酸。

(3)(1+1)磷酸。

(4)0.2%(m/V)氢氧化钠溶液。

(5)氢氧化锌共沉淀剂：称取硫酸锌($ZnSO_4 \cdot 7H_2O$)8g，溶于100mL水中；称取氢氧化钠2.4g，溶于120mL水中；再将以上两溶液混合。

(6)4%(m/V)高锰酸钾溶液。

(7)铬标准贮备液：称取于120℃干燥2h的重铬酸钾(优级纯)0.2829g，用水溶解，移入1000mL容量瓶中，用水稀释至标线，摇匀。每毫升贮备液含0.100μg六价铬。

(8)铬标准使用液：吸取5.00mL铬标准贮备液于500mL容量瓶中，用水稀释至标线，摇匀。每毫升标准使用液含1.00μg六价铬。使用时当天配制。

(9)20%(m/V)尿素溶液。

(10)2%(m/V)亚硝酸钠溶液。

(11)二苯碳酰二肼溶液：称取二苯碳酰二肼(简称DPC，$C_{13}H_{14}N_4O$)0.2g，溶于50mL丙酮中，加水稀释至100mL，摇匀，贮于棕色瓶内，置于冰箱中保存。颜色变深后不能再用。

(三)测定步骤

1.水样预处理

(1)对不含悬浮物、低色度的清洁地面水，可直接进行测定。

(2)如果水样有色但不深，可进行色度校正。即另取一份试样，加入除显色剂以外的各种试剂，以2mL丙酮代替显色剂，用此溶液为测定试样溶液吸光度的参比溶液。

(3)对浑浊、色度较深的水样,应加入氢氧化锌共沉淀剂并进行过滤处理。

(4)水样中存在次氯酸盐等氧化性物质时,会干扰测定,可加入尿素和亚硝酸钠消除。

(5)水样中存在低价铁、亚硫酸盐、硫化物等还原性物质时,可将 Cr^{6+} 还原为 Cr^{3+},此时,调节水样 pH 值至 8,加入显色剂溶液,放置 5min 后再酸化显色。

2. 标准曲线的绘制

取 9 支 50mL 比色管,依次加入 0、0.20、0.50、1.00、2.00、4.00、6.00、8.00 和 10.00mL 铬标准使用液,用水稀释至标线,加入(1+1)硫酸 0.5mL 和 1+1 磷酸 0.5mL,摇匀。加入 2mL 显色剂溶液,摇匀。5~10min 后,于 540nm 波长处,用 1cm 或 3cm 比色皿,以水为参比,测定吸光度并作空白校正。以吸光度为纵坐标,相应六价铬含量为横坐标绘出标准曲线。

3. 水样的测定

取适量(含 Cr^{6+} 少于 50μg)无色透明或经预处理的水样于 50mL 比色管中用水稀释至标线,测定方法同标准溶液。进行空白校正后根据所测吸光度从标准曲线上查得 Cr^{6+} 含量。

(四)计算

水中 Cr^{6+} 含量的计算公式如下:

$$Cr^{6+}(mg/L) = m/V$$

式中:m——从标准曲线上查得的 Cr^{6+} 量(μg);

V——水样的体积(mL)。

二、总铬的测定

(一)仪器

同 Cr^{6+} 测定。

(二)试剂

(1)硝酸、硫酸、三氯甲烷。

(2)(1+1)氢氧化铵溶液。

(3)5%(m/V)铜铁试剂:称取铜铁试剂[$C_6H_5N(NO)ONH_4$]5g,溶于冰冷水中并稀释至 100mL。临用时现配。

(4)其他试剂同六价铬的测定试剂(1)、(2)、(5)至(10)。

(三)测定步骤

1. 水样预处理

(1)一般清洁地面水可直接用高锰酸钾氧化后测定。

(2)对含大量有机物的水样,需进行消解处理。即取 50mL 或适量(含铬少于 50μg)水样,置于 150mL 烧杯中,加入 5mL 硝酸和 3mL 硫酸,加热蒸发至冒白烟。如溶液仍有色,再加入 5mL 硝酸,重复上述操作,至溶液清澈,冷却。用水稀释至 10mL,用氢氧化铵将溶液中和至 pH1—2,移入 50mL 容量瓶中,用水稀释至标线,摇匀,供测定用。

(3)如果水样中钼、钒、铁、铜等含量较大,先用铜铁试剂—三氯甲烷萃取除去,然后再进行消解处理。

2. 高锰酸钾氧化三价铬

取 50.0mL 或适量(铬含量少于 50μg)清洁水样或经预处理的水样(如不到 50.0mL,用水补充至50.0mL)于150mL锥形瓶中,用氢氧化铵和硫酸溶液将其调至中性,加入几粒玻璃珠,加入(1+1)硫酸和(1+1)磷酸各0.5mL,摇匀。加入4%高锰酸钾溶液2滴,如紫色消退,则继续滴加高锰酸钾溶液至保持紫红色。加热煮沸至溶液剩约20mL。冷却后,加入1mL20%的尿素溶液,摇匀。用滴管加2%亚硝酸钠溶液,每加1滴充分摇匀,至紫色刚好消失。稍停片刻,待溶液内气泡逸尽,转移至50mL比色管中,稀释至标线,供测定用。

标准曲线的绘制、水样的测定和计算同六价铬的测定。

(四)注意事项

(1)用于测定铬的玻璃器皿不应用重铬酸钾洗液洗涤。

(2)Cr^{6+}与显色剂的显色反应一般控制酸度在0.05～0.3mol/L($1/2H_2SO_4$)范围,以0.2mol/L时显色最好。显色前,水样应调至中性。显色温度和放置时间对显色有影响,在15℃时,5～15min颜色即可稳定。

(3)如测定清洁地面水样,显色剂可按以下方法配制:溶解0.2g二苯碳酰肼于100mL95%的乙醇中,边搅拌边加入(1+9)硫酸400mL。该溶液在冰箱中可存放一个月。用此显色剂,在显色时直接加入2.5mL即可,不必再加酸。但加入显色剂后,要立即摇匀,以免Cr^{6+}可能被乙酸还原。

实验五　工业废水中化学需氧量的测定

(一)原理

在水样中加入已知量的重铬酸钾溶液,并在强酸介质下以银盐作催化剂,经沸腾回流后,以试亚铁灵为指示剂,用硫酸亚铁铵滴定水样中未被还原的重铬酸钾由消耗的硫酸亚铁铵的量换算成消耗氧的质量浓度。

在酸性重铬酸钾条件下,芳烃及吡啶难以被氧化,其氧化率较低。在硫酸银催化作用下,直链脂肪族化合物可有效地被氧化。

(二)试剂

除非另有说明,实验时所用试剂均为符合国家标准的分析纯试剂,试验用水均为蒸馏水或同等纯度的水。

(1)硫酸银(Ag_2SO_4),化学纯。

(2)硫酸汞($HgSO_4$),化学纯。

(3)硫酸(H_2SO_4),$\rho=1.84g/mL$。

(4)硫酸银－硫酸试剂:向1L硫酸(同试剂(3))中加入10g硫酸银(同试剂(1)),放置1～2天使之溶解,并混匀,使用前小心摇动。

(5)重铬酸钾标准溶液:

①浓度为$C(1/6K_2Cr_2O_7)=0.250mol/L$的重铬酸钾标准溶液:将12.258g在105℃干燥2h后的重铬酸钾溶于水中,稀释至1000mL。

②浓度为$C(1/6K_2Cr_2O_7)=0.0250mol/L$的重铬酸钾标准溶液:将试剂(5)中的①溶液稀释10倍而成。

(6)硫酸亚铁铵标准滴定溶液:

①浓度为$C[(NH_4)_2Fe(SO_4)_2\cdot 6H_2O]\approx 0.10mol/L$的硫酸亚铁铵标准滴定溶液:溶解39g硫酸亚铁铵$[(NH_4)_2Fe(SO_4)_2\cdot 6H_2O]$于水中,加入20mL硫酸(同试剂(3)),待其溶液冷却后稀释至1000mL。

②每日临用前,必须用重铬酸钾标准溶液试剂(5)中的①②准确标定此溶液的浓度。

取10.00mL重铬酸钾标准溶液置于锥形瓶中,用水稀释至约100mL,加入30mL硫酸,混匀,冷却后,加3滴(约0.15mL)试亚铁灵指示剂,用硫酸亚铁铵滴定溶液的颜色由黄色经蓝绿色变为红褐色,即为终点。记录下硫酸亚铁铵的消耗量(mL)。

③硫酸亚铁铵标准滴定溶液浓度的计算公式:

$$C[(NH_4)_2Fe(SO_4)_2\cdot 6H_2O]=\frac{10.00\times 0.250}{V}=\frac{2.50}{V}$$

式中:V——滴定时消耗硫酸亚铁铵溶液的毫升数。

④浓度为$C[(NH_4)_2Fe(SO_4)_2\cdot 6H_2O)\approx 0.010mol/L$的硫酸亚铁铵标准滴定溶液:将试剂(6)中的①的溶液稀释10倍,用重铬酸钾标准溶液(同试剂(5)中的②)标定,其滴定步骤及浓度计算分别与试剂(6)中的②与③类同。

(7)邻苯二甲酸氢钾标准溶液,$C(KC_6H_5O_4)=2.0824mmol/L$:称取105℃时干燥2h的

邻苯二甲酸氢钾($HOOCC_6H_4COOK$)0.4251g溶于水,并稀释至1000mL,混匀。以重铬酸钾为氧化剂,将邻苯二甲酸氢钾完全氧化的COD值为1.1768氧/克(指1g邻苯二甲酸氢钾耗氧1.176g),故该标准溶液的理论COD值为500mg/L。

(8)1,10-菲绕啉(1,10-phenanathroline monohy drate)指示剂溶液:溶解0.7g七水合硫酸亚铁($FeSO_4 \cdot 7H_2O$)于50mL的水中,加入1.5g1,10-菲统啉,搅动至溶解,加水稀释至100mL。

(9)防爆沸玻璃珠。

(三)仪器

(1)回流装置:带有24号标准磨口的250mL锥形瓶的全玻璃回流装置。回流冷凝管长度为300~500mm。若取样量在30mL以上,可采用带500 mL锥形瓶的全玻璃回流装置。

(2)加热装置。

(3)25mL或50mL酸式滴定管。

(四)采样和样品

1.采样

水样要采集于玻璃瓶中,应尽快分析。如不能立即分析时,应加入硫酸至pH<2,置4℃下保存。但保存时间不多于5天。采集水样的体积不得少于100mL。

2.试料的准备

将试样充分摇匀,取出20.0mL作为试料。

(五)步骤

(1)对于COD值小于50mg/L的水样,应采用低浓度的重铬酸钾标准溶液(同试剂(5)中的②)氧化,加热回流以后,采用低浓度的硫酸亚铁铵标准溶液(同试剂(6)中的④)回滴。

(2)该方法对未经稀释的水样,其测定上限为700mg/L,超过此限时必须经稀释后测定。

(3)对于污染严重的水样。可选取所需体积1/10的试料和1/10的试剂,放入10×150mm硬质玻璃管中,摇匀后,用酒精灯加热至沸腾数分钟,观察溶液是否变成蓝绿色。如呈蓝绿色,应再适当少取试料,重复以上试验,直至溶液不变蓝绿色为止,从而确定待测水样适当的稀释倍数。

(4)取试料于锥形瓶中,或取适量试料加水至20.0mL。

(5)空白试验:按相同步骤以20.0mL水代替试料进行空白试验,其余试剂和试料测定与下述(8)步骤相同,记录下空白滴定时消耗硫酸亚铁铵标准溶液的毫升数V_1。

(6)校核试验:按测定试料提供的方法分析20.0mL邻苯二甲酸氢钾标准溶液的COD值,用以检验操作技术及试剂纯度。

该溶液的理论COD值为500mg/L,如果校核试验的结果大于该值的96%,即可认为实验步骤基本上是适宜的,否则,必须寻找失败的原因,重复实验,使之达到要求。

(7)去干扰试验:无机还原性物质如亚硝酸盐、硫化物及二价铁盐将使结果增加,将其需氧量作为水样COD值的一部分是可以接受的。

该实验的主要干扰物为氯化物,可加入硫酸汞部分地除去,经回流后,氯离子可与硫酸汞结合成可溶性的氯汞络合物。

当氯离子含量超过1000mg/L时,COD的最低允许值为250mg/L,低于此值结果的准确度就不可靠。

(8)水样的测定：于试料中加入10.0mL重铬酸钾标准溶液和几颗防爆沸玻璃珠，摇匀。

将锥形瓶接到回流装置冷凝管下端，接通冷凝水。从冷凝管上端缓慢加入30mL硫酸银一硫酸试剂，以防止低沸点有机物的逸出，不断旋动锥形瓶使之混合均匀。自溶液开始沸腾起回流两小时。

冷却后，用20～30mL水自冷凝管上端冲洗冷凝管后，取下锥形瓶，再用水稀释至140mL左右。

溶液冷却至室温后，加入3滴1,10－菲绕啉指示剂溶液，用硫酸亚铁铵标准滴定溶液滴定，溶液的颜色由黄色经蓝绿色变为红褐色即为终点。记下硫酸亚铁铵标准滴定溶液的消耗毫升数V_2。

(9)在特殊情况下，需要测定的试料在10.0mL到50.0mL之间，试剂的体积或重量要按表7-2作相应的调整。

表7-2　不同取样量采用的试剂用量

样品量(mL)	0.250N$K_2Cr_2O_7$(mL)	$Ag_2SO_4-H_2SO_4$(mL)	$HgSO_4$(g)	$(NH_4)_2Fe(SO_4)_2 6H_2O$(mol/L)	滴定前体积(mL)
10.0	5.0	15	0.2	0.05	70
20.0	10.0	30	0.4	0.10	140
30.0	15.0	45	0.6	0.15	210
40.0	20.0	60	0.8	0.20	200
50.0	25.0	75	1.0	0.25	350

(六)结果的表示

1.计算方法

以mg/L计的水样化学需氧量，计算公式如下：

$$COD(mg/L)=\frac{C(V_1-V_2)\times 8000}{V_0}$$

式中：C——硫酸亚铁铵标准滴定溶液同试剂(6)的浓度(mol/L)；

V_1——空白试验(步骤(5))所消耗的硫酸亚铁铵标准滴定溶液的体积(mL)；

V_2——试料测定(步骤(8))所消耗的硫酸亚铁铵标准滴定溶液的体积(mL)；

8000——$\frac{1}{4}O_2$的摩尔质量以mg/L为单位的换算值；

V_0——试料的体积(mL)。

测定结果一般保留三位有效数字，对COD值小的水样，当计算出COD值小于10mg/L时，应表示为"COD<10mg/L"。

2.精密度

(1)标准溶液测定的精密度。

40个不同的实验室测定COD值为500mg/L的邻苯二甲酸氢钾(同试剂(7))标准溶液，其标准偏差为20mg/L，相对标准偏差为4.0％。

(2)工业废水测定的精密度(表见7-3)。

表 7-3 工业废水 COD 测定的精密度

工业废水类型	参加验证的实验室个数	COD 均值(mg/L)	实验室内相对标准偏差(%)	实验空间相对标准偏差(%)	实验室间总相对标准偏差(%)
有机废水	5	70.1	3.0	8.0	8.5
石化废水	8	398	1.8	3.8	4.2
染料废水	6	603	0.7	2.3	2.4
印染废水	8	284	1.3	1.8	2.3
制药废水	6	517	0.9	3.2	3.3
皮革废水	9	691	1.5	3.0	3.4

实验六　大气中总悬浮颗粒物的测定

(一)实验目的

(1)学习和掌握质量法测定大气中总悬浮颗粒物(TSP)的方法;

(2)掌握中流量 TSP 采样基本技术及采样方法。

(二)实验原理

大气中悬浮颗粒物不仅是严重危害人体健康的主要污染物,也是气态、液态污染物的载体,其成分复杂,并具有特殊的理化特性及生物活性,是大气污染监测的重要项目之一。

总悬浮颗粒物(TSP)指能悬浮在空气中,空气动力学当量直径≤100μm 的颗粒物。测定方法是借助具有一定切割特性的采样器,以恒速抽取一定体积的空气,空气中粒径小于100μm 的悬浮颗粒物被截留在已恒重的滤膜上,根据采样前后滤膜质量之差及采样体积,可计算总悬浮颗粒物的质量浓度。滤膜经处理后,也可进行颗粒物组分分析。

(三)实验仪器

(1)ZWC-100A 智能中流量大气采样器:流量范围 80～120L/min;

(2)滤膜;

(3)分析天平(0.1mg);

(4)温度计;

(5)气压计。

(四)实验步骤

1.滤膜准备

滤膜使用前需用光照检查,不得使用有针孔或有任何缺陷的滤膜。滤膜放入专用袋中,在干燥器内放置 24h,迅速称量,读数准确到 0.1mg,记下滤膜的编号和质量。放回干燥器内 1h 后再次称重,二次称量之差不大于 0.4mg 即为恒重,装入专用袋内备用。采样前,滤膜不能弯曲或折叠。

2.采样

采样时,将已恒重的滤膜用镊子取出,“毛”面向上,平放在采样头的网板上(网板上事先用纸擦净),放上滤膜夹,拧紧采样器顶盖,然后开机采样,调节采样流量为 100L/min。

采样后,用镊子将已采样滤膜“毛”面向里,对折两次成扇形放回专用袋内。记下采样日期和采样地点,记录采样期的温度、压力。滤膜纸袋放入干燥器内,按滤膜准备一样再次称到恒重。

3.计算

总悬浮颗粒物含量的计算公式为:

$$\text{总悬浮颗粒物含量}(\mathrm{mg/m^3})=\frac{W}{Q_n\times t}$$

式中:W——截留在滤膜上的总悬浮颗粒物质量(mg);

t——采样时间(min);

Q_n——标准状态下的采样流量($\mathrm{m^3/min}$)。

$$Q_n = Q_2\sqrt{\frac{T_3 \times p_2}{T_2 \times p_3}} \times \frac{273 \times p_3}{101.3 \times T_3} = 2.69 \times Q_2\sqrt{\frac{p_2 \times p_3}{T_2 \times T_3}}$$

式中：Q_2 ——现场采样表观流量(m^3/min)；

p_2 ——采样器现场校准时的大气压力(kPa)；

p_3 ——采样时大气压力(kPa)；

T_2 ——采样器现场校准时空气温度(K)；

T_3 ——采样时的空气温度(K)。

若 T_3 、p_3 与采样器现场校准时的 T_2 、p_2 相近，可用 T_2 、p_2 代之。

(五)注意事项

(1)要经常检查采样头是否漏气。当滤膜上颗粒物与四周白边之间的界线模糊时，表明板面密封垫没有垫好或密封性能不好，应更换面板密封垫，否则测定结果将偏低。

(2)取采样后的滤膜时，应注意滤膜是否出现物理损伤，以及采样过程中是否有穿孔漏气现象，若发现有损伤、穿孔漏气现象，应作废，重新取样。

(3)测定任何一次浓度，每次都需更换滤膜，采样时间不得少于 1h。

(4)采样高度入口距离地面 1.5～2m。

实验七 大气中二氧化硫的测定

(一)适用范围

(1)当使用10mL吸收液,采样体积为30L时,测定空气中二氧化硫的检出限为0.007mg/m^3,测定下限为0.028mg/m^3,测定上限为0.667mg/m^3。

(2)当使用50mL吸收液,采样体积为288L,试份为10mL时,测定空气中二氧化硫的检出限为0.004mg/m^3,测定下限为0.014mg/m^3,测定上限为0.347mg/m^3。

(二)方法原理

二氧化硫被甲醛缓冲溶液吸收后,生成稳定的羟甲基磺酸加成化合物,在样品溶液中加入氢氧化钠使加成化合物分解,释放出的二氧化硫与副玫瑰苯胺、甲醛作用,生成紫红色化合物,用分光光度计在波长577nm处测量吸光度。

(三)干扰及消除

主要干扰物为氮氧化物、臭氧及某些重金属元素。采样后放置一段时间可使臭氧自行分解;加入氨磺酸钠溶液可消除氮氧化物的干扰;吸收液中加入磷酸及环已二胺四乙酸二钠盐可以消除或减少某些金属离子的干扰。10mL样品溶液中含有50μg钙、镁、铁、镍、镉、铜等金属离子及5μg二价锰离子时,对本方法测定不产生干扰。当10mL样品溶液中含有10μg二价锰离子时,会使样品的吸光度降低27%。

(四)试剂和材料

(1)碘化钾(KIO_3),优级纯,经110℃干燥2h。

(2)氢氧化钠溶液,$c(NaOH)=1.5mol/L$:称取6.0g NaOH,溶于100mL水中。

(3)环已二胺四乙酸二钠溶液,c(CDTA－2Na)＝0.05mol/L:称取1.82g反式1,2－环已二胺四乙酸[(trans－1,2－cyclohexylen edinitrilo) tetraacetic acid,简称CDTA－2Na],加入氢氧化钠溶液6.5mL,用水稀释至100mL。

(4)甲醛缓冲吸收贮备液:吸取36%～38%的甲醛溶液5.5mL,CDTA－2Na溶液(同试剂(3))20.00mL;称取2.04g邻苯二甲酸氢钾,溶于少量水中;将三种溶液合并,再用水稀释至100mL,贮于冰箱可保存1年。

(5)甲醛缓冲吸收液:用水将甲醛缓冲吸收贮备液稀释100倍,临用时现配。

(6)氨磺酸钠溶液,$\rho(NaH_2NSO_3)=6.0g/L$:称取0.60g氨磺酸[H_2NSO_3H]置于100mL烧杯中,加入4.0mL氢氧化钠,用水搅拌至完全溶解后稀释至100mL,摇匀。此溶液密封可保存10天。

(7)碘贮备液,$c(1/2I_2)=0.10mol/L$:称取12.7g碘(I_2)于烧杯中,加入40g碘化钾和25mL水,搅拌至完全溶解,用水稀释至1000mL,贮存于棕色细口瓶中。

(8)碘溶液,$c(1/2I_2)=0.010mol/L$:量取碘贮备液50mL,用水稀释至500mL,贮于棕色细口瓶中。

(9)淀粉溶液,$\rho=5.0g/L$:称取0.5g可溶性淀粉于150mL烧杯中,用少量水调成糊状,慢慢倒入100mL沸水,继续煮沸至溶液澄清,冷却后贮于试剂瓶中。

(10)碘酸钾基准溶液，$c(1/6KIO_3)=0.1000mol/L$：准确称取3.5667g碘酸钾溶于水，移入1000mL容量瓶中，用水稀至标线，摇匀。

(11)盐酸溶液，$c(HCl)=1.2$ mol/L：量取100mL浓盐酸，用水稀释1000mL。

(12)硫代硫酸钠标准贮备液，$c(Na_2S_2O_3)=0.10mol/L$：称取25.0g硫代硫酸钠($Na_2S_2O_3 \cdot 5H_2O$)，溶于1000mL，新煮沸但已冷却的水中，加入0.2g无水碳酸钠，贮于棕色细口瓶中，放置一周后备用。如溶液呈现混浊，必须过滤。

其标定方法为：吸取三份20.00mL碘酸钾基准溶液分别置于250mL碘量瓶中，加70mL新煮沸但已冷却的水，加1g碘化钾，振摇至完全溶解后，加10mL盐酸溶液，立即盖好瓶塞，摇匀。于暗处放置5min后，用硫代硫酸钠标准溶液滴定溶液至浅黄色，加2mL淀粉溶液，继续滴定至蓝色刚好褪去为终点。硫代硫酸钠标准溶液的摩尔浓度按下式计算：

$$C_1=\frac{0.1000\times 20.00}{V}$$

式中：C_1——硫代硫酸钠标准溶液的摩尔浓度(mol/L)；

V——滴定所耗硫代硫酸钠标准溶液的体积(mL)。

(13)硫代硫酸钠标准溶液，$c(Na_2S_2O_3)=0.01mol/L\pm 0.00001mol/L$：取50.0mL硫代硫酸钠贮备液置于500mL容量瓶中，用新煮沸但已冷却的水稀释至标线，摇匀。

(14)乙二胺四乙酸二钠盐(EDTA－2Na)溶液，$\rho=0.50g/L$：称取0.25g乙二胺四乙酸二钠盐EDTA［$-CH_2N(COONa)CH_2COOH$］$\cdot H_2O$溶于500mL新煮沸但已冷却的水中。临用时现配。

(15)亚硫酸钠溶液，$\rho(Na_2SO_3)=1g/L$：称取0.2g亚硫酸钠(Na_2SO_3)，溶于200mL EDTA-2Na溶液中，缓缓摇匀以防充氧，使其溶解。放置2h～3h后标定。此溶液每毫升相当于320μg～400μg二氧化硫。

标定方法：

①取6个250mL碘量瓶(A_1、A_2、A_3、B_1、B_2、B_3)，分别加入50.0mL碘溶液。在A_1、A_2、A_3内各加入25mL水，在B_1、B_2内加入25.00mL亚硫酸钠溶液盖好瓶盖。

②立即吸取2.00mL亚硫酸钠溶液加到一个已装有40mL～50mL甲醛吸收液的100mL容量瓶中，并用甲醛吸收液稀释至标线，摇匀。此溶液即为二氧化硫标准贮备溶液，在4℃～5℃下冷藏，可稳定6个月。

③紧接着再吸取25.00mL亚硫酸钠溶液加入B_3内，盖好瓶塞。

④A_1、A_2、A_3、B_1、B_2、B_3六个瓶子于暗处放置5 min后，用硫代硫酸钠溶液滴定至浅黄色，加5mL淀粉指示剂，继续滴定至蓝色刚刚消失。平行滴定所用硫代硫酸钠溶液的体积之差应不大于0.05mL。

二氧化硫标准贮备溶液的质量浓度由下式计算：

$$\rho=\frac{(\overline{V_0}-\overline{V})\times c_2\times 32.02\times 10^3}{25.00}\times\frac{2.00}{100}$$

式中：ρ——二氧化硫标准贮备溶液的质量浓度(μg/mL)；

$\overline{V_0}$——空白滴定所用硫代硫酸钠溶液的体积(mL)；

$\overline{V}$——样品滴定所用硫代硫酸钠溶液的体积(mL)；

c_2——硫代硫酸钠溶液的浓度(mol/L)。

(16)二氧化硫标准溶液,$\rho(Na_2SO_3)$ = 1.00μg/mL:用甲醛吸收液将二氧化硫标准贮备溶液稀释成每毫升含 1.0μg 二氧化硫的标准溶液。此溶液用于绘制标准曲线,在 4℃～5℃下冷藏,可稳定 1 个月。

(17)盐酸副玫瑰苯胺(pararosaniline,简称 PRA,即副品红或对品红)贮备液:ρ = 0.2g/100mL。其纯度应达到副玫瑰苯胺提纯及检验方法的质量要求。

(18)副玫瑰苯胺溶液,ρ=0.050g/100mL:吸取 25.00mL 副玫瑰苯胺贮备液于 100mL 容量瓶中,加 30mL 85%的浓磷酸,12mL 浓盐酸,用水稀释至标线,摇匀,放置过夜后使用。避光密封保存。

(19)盐酸—乙醇清洗液:由三份(1+4)盐酸和一份 95%乙醇混合配制而成,用于清洗比色管和比色皿。

(五)仪器和设备

(1)分光光度计。

(2)多孔玻板吸收管:10mL 多孔玻板吸收管,用于短时间采样;50mL 多孔玻板吸收管,用于 24h 连续采样。

(3)恒温水浴:0℃～40℃,控制精度为±1℃。

(4)具塞比色管:10mL,用过的比色管和比色皿应及时用盐酸—乙醇清洗液浸洗,否则红色难于洗净。

(5)空气采样器。用于短时间采样的普通空气采样器,流量范围为 0.1L/min～1L/min,应具有保温装置。用于 24h 连续采样的采样器应具备有恒温、恒流、计时、自动控制开关的功能,流量范围为 0.1 L/min～0.5L/min。

(六)样品采集与保存

(1)短时间采样:采用内装 10mL 吸收液的多孔玻板吸收管,以 0.5L/min 的流量采气 45min～60min。吸收液温度保持在 23℃～29℃范围。

(2)24h 连续采样:用内装 50mL 吸收液的多孔玻板吸收管,以 0.2L/min 的流量连续采样 24h。吸收液温度保持在 23℃～29℃范围。

(3)现场空白:将装有吸收液的采样管带到采样现场,除了不采气之外,其他环境条件与样品相同。

注 1:样品采集、运输和贮存过程中应避免阳光照射。

注 2:放置在室(亭)内的 24h 连续采样器,进气口应连接符合要求的空气质量集中采样管路系统,以减少二氧化硫进入吸收瓶前的损失。

(七)分析步骤

1.校准曲线的绘制

(1)取 14 支 10mL 具塞比色管,分 A、B 两组,每组 7 支,分别对应编号。A 组按表 7-4 配制校准系列。

表 7-4 二氧化硫校准系列

管 号	0	1	2	3	4	5	6
二氧化硫标准溶液Ⅱ(mL)	0	0.50	1.00	2.00	5.00	8.00	10.00
甲醛缓冲吸收液(mL)	10.00	9.50	9.00	8.00	5.00	2.00	0
二氧化硫含量(μg/10mL)	0	0.50	1.00	2.00	5.00	8.00	10.00

(2)在 A 组各管中分别加入 0.5mL 氨磺酸钠溶液和 0.5mL 氢氧化钠溶液,混匀。

(3)在 B 组各管中分别加入 1.00mL PRA 溶液。

(4)将 A 组各管的溶液迅速地全部倒入对应编号并盛有 PRA 溶液的 B 管中,立即加塞混匀后放入恒温水浴装置中显色。在波长 577nm 处,用 10mm 比色皿,以水为参比测量吸光度。以空白校正后各管的吸光度为纵坐标,以二氧化硫的质量浓度(μg/10 mL)为横坐标,用最小二乘法建立校准曲线的回归方程。

(5)显色温度与室温之差不应超过 3℃。根据季节和环境条件按表 7-5 选择合适的显色温度与显色时间。

表 7-5 显色温度与显色时间

显色温度(℃)	10	15	20	25	30
显色时间(min)	40	25	20	15	5
稳定时间(min)	35	25	20	15	10
试剂空白吸光度 A_0	0.030	0.035	0.040	0.050	0.060

2.样品测定

(1)样品溶液中如有混浊物,则应离心分离除去。

(2)样品放置 20min,以使臭氧分解。

(3)短时间采集的样品:将吸收管中的样品溶液移入 10mL 比色管中,用少量甲醛吸收液洗涤吸收管,洗液并入比色管中并稀释至标线。加入 0.5mL 氨磺酸钠溶液,混匀,放置 10min 以除去氮氧化物的干扰。接下来的步骤同校准曲线的绘制。

(4)连续 24h 采集的样品:将吸收瓶中样品移入 50mL 容量瓶(或比色管)中,用少量甲醛吸收液洗涤吸收瓶后再倒入容量瓶(或比色管)中,并用吸收液稀释至标线。吸取适当体积的试样(视浓度高低而决定取 2mL～10mL)于 10mL 比色管中,再用吸收液稀释至标线,加入 0.5mL 氨磺酸钠溶液,混匀,放置 10min 以除去氮氧化物的干扰,接下来的步骤同校准曲线的绘制。

(八)结果表示

空气中二氧化硫的质量浓度,按下式计算:

$$\rho = \frac{(A - A_0 - a)}{b \times V_s} \times \frac{V_t}{V_a}$$

式中:ρ——空气中二氧化硫的质量浓度(mg/mL);

A——样品溶液的吸光度;

A_0——试剂空白溶液的吸光度;

b——校准曲线的斜率,吸光度·10mL/μg;

a ——校准曲线的截距(一般要求小于 0.005)；

V_t——样品溶液的总体积(mL)；

V_a——测定时所取试样的体积(mL)；

V_s——换算成标准状态下(101.325kPa,273K)的采样体积(L)。

计算结果准确到小数点后三位。

(九)精密度和准确度

1.精密度

(1)10 个实验室测定浓度为 0.101μg /mL 的二氧化硫统一标准样品,重复性相对标准偏差小于 3.5%,再现性相对标准偏差小于 6.2%。

(2)10 个实验室测定浓度为 0.515μg /mL 的二氧化硫统一标准样品,重复性相对标准偏差小于 1.4%,再现性相对标准偏差小于 3.8%。

2.准确度

测量 105 个浓度范围在 0.01μg/mL～1.70μg/mL 的实际样品,加标回收率范围在 96.8%～108.2%之间。

(十)质量保证和质量控制

(1)多孔玻板吸收管的阻力为 6.0kPa±0.6 kPa,2/3 玻板面积发泡均匀,边缘无气泡逸出。

(2)采样时吸收液的温度在 23℃～29℃时,吸收效率为 100%;10℃～15℃时,吸收效率偏低 5%;高于 33℃或低于 9℃时,吸收效率偏低 10%。

(3)每批样品至少测定 2 个现场空白。即将装有吸收液的采样管带到采样现场,除了不采气之外,其他环境条件与样品相同。

(4)当空气中二氧化硫浓度高于测定上限时,可以适当减少采样体积或者减少试料的体积。

(5)如果样品溶液的吸光度超过标准曲线的上限,可用试剂空白液稀释,在数分钟内再测定吸光度,但稀释倍数不要大于 6。

(6)显色温度低,显色慢,稳定时间长;显色温度高,显色快,稳定时间短。操作人员必须了解显色温度、显色时间和稳定时间的关系,严格控制反应条件。

(7)测定样品时的温度与绘制校准曲线时的温度之差不应超过 2℃。

(8)在给定条件下校准曲线斜率应为 0.042±0.004,试剂空白吸光度 A_0在显色规定条件下波动范围不超过±15%。

(9)六价铬能使紫红色络合物褪色,产生负干扰,故应避免用硫酸—铬酸洗液洗涤玻璃器皿。若已用硫酸—铬酸洗液洗涤过,则需用盐酸溶液(1+1)浸洗,再用水充分洗涤。

实验八 大气中氮氧化物(NO_x)的测定

(一)目的及要求

(1)掌握盐酸萘乙二胺分光光度法测定大气中 NO_x 的原理。

(2)掌握大气 NO_x 采样器的使用方法及注意事项。

(二)实验原理

用冰醋酸、对氨基苯磺酸和盐酸萘乙二胺配制成吸收—显色液,吸收氮氧化物,在三氧化铬作用下,一氧化氮被氧化成二氧化氮,二氧化氮与吸收液作用生成亚硝酸,在冰醋酸存在下,亚硝酸与对氨基苯磺酸重氮化后再与盐酸萘乙二胺偶合,显玫瑰红色,于波长 540nm 处,测定吸光度,同时以试剂空白作参比,从而得到大气中 NO_x 的浓度。

(三)实验仪器

(1)分光光度计;

(2)空气采样器;

(3)多孔玻板吸收管;

(4)三氧化铬—石英砂氧化管。

(四)实验试剂

(1)N -(1 -萘基)乙二胺盐酸盐储备液:称取 0.50g N -(1 -萘基)乙二胺盐酸盐[$C_{10}H_7NH(CH_2)2NH_2 \cdot 2HCl$]于 500 mL 容量瓶中,用水稀释至标线。此溶液贮于密闭棕色瓶中冷藏,可稳定三个月。

(2)显色液:称取 5.0g 对氨基苯磺酸[$NH_2C_6H_4SO_3H$]溶解于 200 mL 热水中,冷至室温后转移至 1000 mL 容量瓶中,加入 50.0 mL N -(1 -萘基)乙二胺盐酸盐储备液和 50 mL 冰乙酸,用水稀释至标线。此溶液贮于密闭的棕色瓶中,25℃以下暗处存放可稳定三个月。若呈现淡红色,应弃之重配。

(3)吸收液:使用时将显色液和水按 4+1(V/V)比例混合而成。

(4)亚硝酸钠标准储备液:称取 0.3750 g 优级纯亚硝酸钠($NaNO_2$,预先在干燥器放置 24h)溶于水,移入 1000 mL 容量瓶中,用水稀释至标线。此标液为每毫升含 250$\mu g NO_2^-$,贮于棕色瓶中于暗处存放,可稳定三个月。

(5)亚硝酸钠标准使用溶液:吸取亚硝酸钠标准储备液 1.00 mL 于 100 mL 容量瓶中,用水稀释至标线。此溶液每毫升含 2.5μg NO_2^-,在临用前配制。

(五)实验步骤

(1)标准曲线的绘制:取 6 支 10mL 具塞比色管,按表 7 - 6 配制 NO_2^- 标准溶液色列。

表 7-6 NO_2^- 标准溶液色列

管号	0	1	2	3	4	5
标准使用溶液(mL)	0	0.40	0.80	1.20	1.60	2.00
水(mL)	2.00	1.60	1.20	0.80	0.40	0
显色液(mL)	8.00	8.00	8.00	8.00	8.00	8.00
NO_2^- 浓度(μg/mL)	0	0.10	0.20	0.30	0.40	0.50

将各管溶液混匀，于暗处放置 20 min(室温低于 20℃时放置 40 min 以上)，用 1 cm 比色皿于波长 540 nm 处以水为参比测量吸光度，扣除试剂空白溶液吸光度后，用最小二乘法计算标准曲线的回归方程。

(2)采样：吸取 10.0 mL 吸收液于多孔玻板吸收管中，用尽量短的硅橡胶管将其串联在三氧化铬—石英砂氧化管和空气采样器之间，以 0.4 mL/min 流量采气 4～24L。在采样的同时，应记录现场温度和大气压力。

(3)样品测定：采样后放置 20 min(室温 20℃以下放置 40 min 以上)后，用水将吸收管中吸收液的体积补充至标线，混匀，按照绘制标准曲线的方法和条件测量试剂空白溶液和样品溶液的吸光度，按下式计算空气中 NO_x 的浓度：

$$C_{NO_x}=\frac{(A-A_0-a)\cdot V}{b\cdot f\cdot V_0}$$

式中：C_{NO_x}——空气中 NO_x 的浓度(以 NO_2 计，mg/m^3)；

A、A_0——样品溶液和试剂空白溶液的吸光度；

b、a——标准曲线的斜率(吸光度·mL/μg)和截距；

V——采样用吸收液体积(mL)；

V_0——换算为标准状况下的采样体积(L)；

f——Saltzman 实验系数，取 0.88(空气中 NO_x 浓度超过 0.720 mg/m^3 时，取 0.77)。

(六)注意事项

(1)配制吸收液时，应避免在空气中长时间曝露，以免吸收空气中的氮氧化物。光照射能使吸收液显色，因此在采样、运送及存放过程中，都应采取避光措施。

(2)采样过程中，如吸收液体积显著缩小，要用水补充到原来的体积(应预先作好标记)。

(3)氧化管应在相对湿度为 30%～70%时使用，当空气相对湿度大于 70%时，应勤换氧化管；小于 30%时，在使用前，用经过水面的潮湿空气通过氧化管，平衡 1 小时后再使用。

附录一 常见矿物的特征

一、硫化物类

方铅矿(PbS):完好晶体常呈立方体,集合体为粒状、致密块状。铅灰色,条痕黑色,金属光泽。硬度2~3,比重7.4~7.6 。有三组立方体完全解理,性脆。

鉴定特征:具三组正交的立方体完全解理,比重大,可以与其他铅灰色矿物,如辉锑矿、辉钼矿等区别。

闪锌矿(ZnS):晶体呈四面体(极少见),常呈粒状、块状集合体。随着含铁(Fe^{2+})量的增高,颜色呈无色—浅黄—褐黄—黄褐—棕黑色变化;条痕由白色到褐色;光泽由树脂光泽—半金属光泽。硬度3.5~4,比重2.9~4.2。有六组完全解理(多面闪光)。

鉴定特征:条痕比颜色浅,六组完全解理,较小的硬度,可与黑钨矿、锡石等区别。

辉锑矿(Sb_2S_3):晶形常呈斜方柱形长柱状、针状。柱面上具有纵纹。集合体一般为束状、柱状、针状、放射状,少数为柱状晶簇。铅灰色,条痕黑色。金属光泽。硬度2~2.5,比重4.51~4.66。一组柱面完全解理,解理面上常有横纹。

鉴定特征:根据柱状晶形、一组解理及解理面上常有横纹,可与方铅矿区别。

★*黄铜矿*($CuFeS_2$):完全晶形极少见,常呈粒状,致密块状集合体。铜黄色,表面有时见蓝、紫、褐色等斑杂锖色(假色)。条痕绿黑色,金属光泽。硬度3.5~4,比重4.1~4.3。性脆,无解理,断口参差状。

鉴定特征:黄铜矿与无晶形的黄铁矿,可根据黄铜矿新鲜面颜色深和较低的硬度来区别。

★*黄铁矿*(FeS_2):晶形常呈立方体和五角十二面体,常具有三组互相垂直的晶面条纹。集合体为粒状,致密块状。浅铜黄色,表面常有黄褐色的锖色(假色)。条痕绿黑或褐黑色,金属光泽。硬度6~6.5,比重4.9~5.2。性脆,无解理。

鉴定特征:根据完全的晶形和晶面条纹,浅铜黄色,较大的硬度,可与黄铜矿区别。

黄铜矿与黄铁矿区别口诀:

黄铜黄铁似兄弟,金黄浅黄真美丽;
条痕色黑皆性脆,金光闪闪多威仪。
刀子面前显高低,黄铜屈服铁无异;
风化面上露本性,黄铁变褐铜生绿。

二、氧化物和氢氧化物类

★*石英* SiO_2:石英是以SiO_2为成分的一族矿物的统称。主要有α石英、β石英,还有隐晶质的玉髓和胶态含水的蛋白石等。α石英常呈柱状,由六方柱(m)和菱面体(R,r)等单形组成的聚形，在柱面上常具横纹。β石英常呈六方双锥状。石英颜色多种多样，水晶一般无色透明，脉石英呈白色、乳白色、灰色，因含杂质引起颜色变异。玻璃光泽，断口为油脂光泽，硬度7，比重2.65，无解理。

鉴定特征：根据形态、硬度、无解理、断口的光泽、不易风化等，可与长石、方解石等矿物相区别。

★*赤铁矿*(Fe_2O_3)：晶形少见，集合体常呈致密块状；胶状者常呈鲕状、豆状和肾状。呈片状晶形者称为镜铁矿。具有晶形者为钢灰色至铁黑色，隐晶质或粉末状者呈红色。条痕为樱红色或红棕色。半金属光泽，晶体硬度5.5～6，隐晶质者硬度小于小刀，无解理，比重5.0～5.3，无磁性。

鉴定特征：根据条痕、无磁性可与磁铁矿区别。

磁铁矿($Fe_2O_3 + Fe_3O_4$)：完好晶体形常呈八面体、菱形十二面体，集合体为致密块状，铁黑色，条痕黑色，半金属光泽。硬度5.5～6，比重4.52～5.20。无解理，具强磁性。

鉴定特征：根据颜色、条痕及强磁性，可与赤铁矿区别。

褐铁矿($Fe_2O_3 \cdot nH_2O$)：常呈肾状、钟乳状、结核状、土块状、粉末状集合体。颜色浅褐色至褐黑色，条痕褐色，半金属光泽至土状光泽。硬度1～5。

鉴定特征：根据形态、颜色、条痕，可与赤铁矿、磁铁矿、软锰矿等区别。

软锰矿(MnO_2)：晶形少见，常为块状、土状、粉末状集合体。黑色，表面常带浅蓝色的锖色(假色)。条痕黑色，半金属光泽，隐晶质胶粉末状者则光泽暗淡。硬度6～2(结晶—隐晶质块状)，硬度随形态和结晶程度而异，呈显晶者为5～6，呈隐晶或块状集合体者降为1～2。易染手，比重4.7～5.0。

鉴定特征：软锰矿与硬锰矿常共生，一般根据其低的硬度、易染手可以区别。

三、卤化物类

萤石(CaF_2)：晶形常见完好的立方体，少数为菱形十二面体和八面体，集合体粒状、块状。无色者少见，常为紫、绿、蓝、黄色。玻璃光泽。硬度4，比重3.18。四组八面体完全解理。

鉴定特征：根据晶形、颜色、解理、硬度，可与方解石、重晶石、石英等区别。

四、碳酸盐类

★*方解石* $Ca[CO_3]$：纯净的透明方解石称冰洲石。常见晶形为菱面体、六方柱。常见集合体为晶簇状、致密块状、钟乳状等。质纯者无色透明或白色，但因含杂质而呈现浅黄、浅红、褐黑等色。玻璃光泽，硬度3，比重2.6～2.8。三组菱面体完全解理。遇冷盐酸剧烈起泡。

鉴定特征：根据晶形、解理、低的硬度以及遇冷盐酸起泡等特征，可与石英、重晶石、萤石、斜长石等相似矿物相区别。

方解石与白云石 $CaMg[CO_3]_2$很相似，但白云石的晶面常弯曲成马鞍形，遇冷盐酸反应微弱(方解石遇冷盐酸剧烈起泡)，根据此可与方解石区别。

五、硅酸盐类

★*橄榄石*[$(Mg,Fe)_2SiO_4$]：晶形完好者少见，一般为他形粒状集合体。浅黄、黄绿色至黑绿色，玻璃光泽，断口为油脂光泽。硬度6.5～7，比重3.3～3.5。

鉴定特征：根据其粒状外形及特殊的绿色、光泽及断口光泽（油脂光泽）来识别。

★*普通辉石* $Ca(Mg,Fe,Al)[(Al,Si)_2O_6]$：晶形常呈短柱状，横断面近于正八边形，集合体常为粒状—致密块状。黑绿色，少数为褐黑色，玻璃光泽。硬度5～6，比重3.22～3.38。平行柱面的两组解理完全，夹角87°(93°)。

鉴定特征：根据短柱状晶形、颜色和解理，可与普通角闪石等相似矿物相区别。

★*普通角闪石* $(CaNa)_{2-3}(Mg,Fe,Al)_5[Si_6(Si,Al)O_{22}](OH,F)_2$：晶体常呈长柱状或针状，单体的横截面为近菱形的六边形。呈暗绿—绿黑色，玻璃光泽。硬度5.5～6，比重3.0～3.4。平行柱面的两组解理交角为124°(56°)。

鉴定特征：根椐晶形、横截面形状、颜色、解理及其夹角，可与普通辉石相区别。

★*正长石* $K[AlSi_3O_8]$：单晶为短柱状或不规则粒状，常见卡氏双晶，集合体为块状。常为肉红色、浅黄红色及白色，玻璃光泽。硬度6，比重2.56～2.58。两组解理正交，一组完全，另一组中等。

鉴定特征：根据晶形、双晶（卡氏双晶）、颜色、硬度、解理，可与石英、方解石相区别。

★*斜长石* $Na[AlSi_3O_8]$—$Ca[AlSi_3O_8]$：通常呈板状及板状集合体，在岩石中常呈板状或不规则粒状。肉眼也能观察聚片双晶。呈白色至灰白色，玻璃光泽。硬度6～6.5，比重2.55～2.76。两组解理完全，交角86°24′～86°50′。

鉴定特征：用肉眼区别斜长石与钾长石（正长石）的可靠依据是斜长石具有聚片双晶。在岩石中的斜长石，根据双晶、有无解理及透明度，可与石英区别。

★*黑云母* $K(Mg,Fe)_3[AlSi_3O_{10}](OH,F)_2$：一般呈片状、鳞片状集合体，也有板状集合体，呈深褐色、黑色，玻璃光泽。硬度2.5～3，比重2.7～3.3。一组解理极完全。

鉴定特征：根据颜色，可与白云母区别。

★*白云母* $KAl_2[AlSi_3O_{10}](OH)_2$：形态特征同黑云母，一般为无色透明，因含不同杂质有不同的色调，含铬或铁时带绿色，含 Fe^{3+}、Ti 时呈红色。玻璃光泽，解理面呈珍珠光泽。硬度2.5～3，比重2.76～3.10。一组解理极完全。薄片具弹性。

鉴定特征：根据易裂成薄片（一组极完全解理）和薄片具弹性及较浅的颜色，可与其他矿物相区别。呈细小鳞片状集合体的白云母称为绢云母。

★*高岭石* $Al_4[Si_4O_{10}](OH)_8$：高岭石为高岭土的主要组成矿物，多为隐晶质致密块状和土状集合体。致密块状者为白色，有时因含各种杂质而带有浅黄、浅褐、红、绿蓝等色。土状光泽，硬度1，比重2.16～2.68。干燥时易搓成粉末，干燥时有吸水性（粘舌），潮湿后有可塑性，但不膨胀。

鉴定特征：根据致密土状块体易于以手捏碎成粉末，吸水性、加水具可塑性而不膨胀，区别于其他相似矿物，如蒙脱石（加水膨胀，体积增加数倍）。

滑石 $Mg[Si_4O_{10}][OH]_2$：通常呈致密块状、鳞片状集合体。纯者为白色，有时微带浅黄、浅绿色调的白色。玻璃光泽。硬度1，比重2.58～2.83。片状者一组解理完全，致密块状者为贝壳断口，富有滑腻感。

鉴定特征：低硬度，滑腻感，片状滑石具完全解理，据此可与块状蛇纹石等区别。

石榴子石 $A_3B_2[SIO_4]_2$：A_3——二价的钙、镁、铁、锰；B_2——三价的铝、铁、铬、钛。常见有菱形十二面体、四角三八面体，集合体呈粒状、致密块状。多为黄褐、褐色、红褐色至褐黑色。玻璃光泽。硬度6.5～8.5，无解理。

鉴定特征：根据晶形、断口光泽、高硬度、无解理，可与其他矿物区别。

六、硫酸盐类

重晶石 $Ba[SO_4]_2$：完全晶形常呈板状、柱状，集合体为板状，少数致密块状。纯者晶形为无色透明，一般为白色、灰色，可因含杂质而呈浅黄、浅褐色等。条痕白色，玻璃光泽。三组解理完全。硬度3～3.5，比重4.3～4.5。

鉴定特征：根据晶形、解理、比重大，遇盐酸不起泡，可与方解石、萤石、长石、石英等区别。

★*石膏*($CaSO_4\cdot 2H_2O$)：完好晶形常呈板状、片状，集合体多呈致密状或纤维状(纤维石膏)。通常为白色及无色，无色透明晶形称透石膏，因含杂质而呈灰、浅黄、浅褐等色。条痕白色。玻璃光泽，解理面呈珍珠光泽；纤维石膏呈丝绢光泽。硬度2，比重2.317。具有一组极完全解理和两组中等解理。

鉴定特征：根据形态、解理、硬度以及遇盐酸不起泡等特征，可与方解石、重晶石等相似矿物相区别。

七、磷酸盐类

磷灰石 $Ca[PO_4]_3(F,Cl,OH,CO_3)$：晶形完好者呈六方柱状、板状，集合体为粒状、致密块状。纯净者无色透明，一般呈黄色、黄褐色、绿色等色。玻璃光泽，断口油脂光泽。硬度5，比重3.18～3.21。平行六方柱底面和柱面的解理不完全。加热后常可出现磷光。

鉴定特征：磷灰石晶体颗粒大时，根据其晶形、颜色、光泽、不完全解理和硬度以及发光性，可与绿柱石、石英等相似矿物相区别。若颗粒细小，在标本上加浓硝酸和钼酸铵，若含磷即产生黄色沉淀(含 P_2O_5 千分之几就有明显反应)。

附录二 常见岩石花纹图例

1. 沉积岩和火山碎屑岩

覆盖土层

黄 土

粘 土

泥 炭

角 砾

砾 石

粗 砂

中 砂

细 砂

粉 砂

巨砾或粗砾岩

中砾岩

细砾岩

砂质砾岩

粗粒砂岩

煤及夹石

煤层尖灭

煤层分叉

天然焦

炭质页岩

炭质泥岩

炭质粉砂岩

硅质岩

铝土岩

铝土矿

泥 岩

鲕状泥岩

砂质泥岩

页 岩

砂质页岩

菱铁矿岩

菱铁矿

赤铁矿岩

赤铁矿

褐铁矿岩

褐铁矿

岩 盐

石膏层

角砾岩

砂质角砾岩

硅质灰岩

泥灰岩

白云质灰岩

沥青质灰岩

燧石灰岩

中粒砂岩	凝灰质页岩	颗粒灰岩
细粒砂岩	鲕状页岩	内碎屑灰岩
粉砂岩	石灰岩	生物屑灰岩
砾质砂岩	角砾灰岩	晶粒灰岩
凝灰质砂岩	砂质灰岩	鲕状灰岩
白云岩	硅藻岩	动物化石
角砾状白云岩	铁质结核	集块岩
砂质白云岩	菱铁矿结核	火山角砾岩
泥质白云岩	黄铁矿结核	凝灰岩
灰质白云岩	锰质结核	层状集块岩
硅质白云岩	磷质结核	层状火山角砾岩
燧石白云岩	泥质结核	层状凝灰岩
颗粒白云岩	钙质结核	沉集块岩
晶粒白云岩	植物化石	沉火山角砾岩
鲕状白云岩	植物化石碎片	沉凝灰岩

2. 岩浆岩

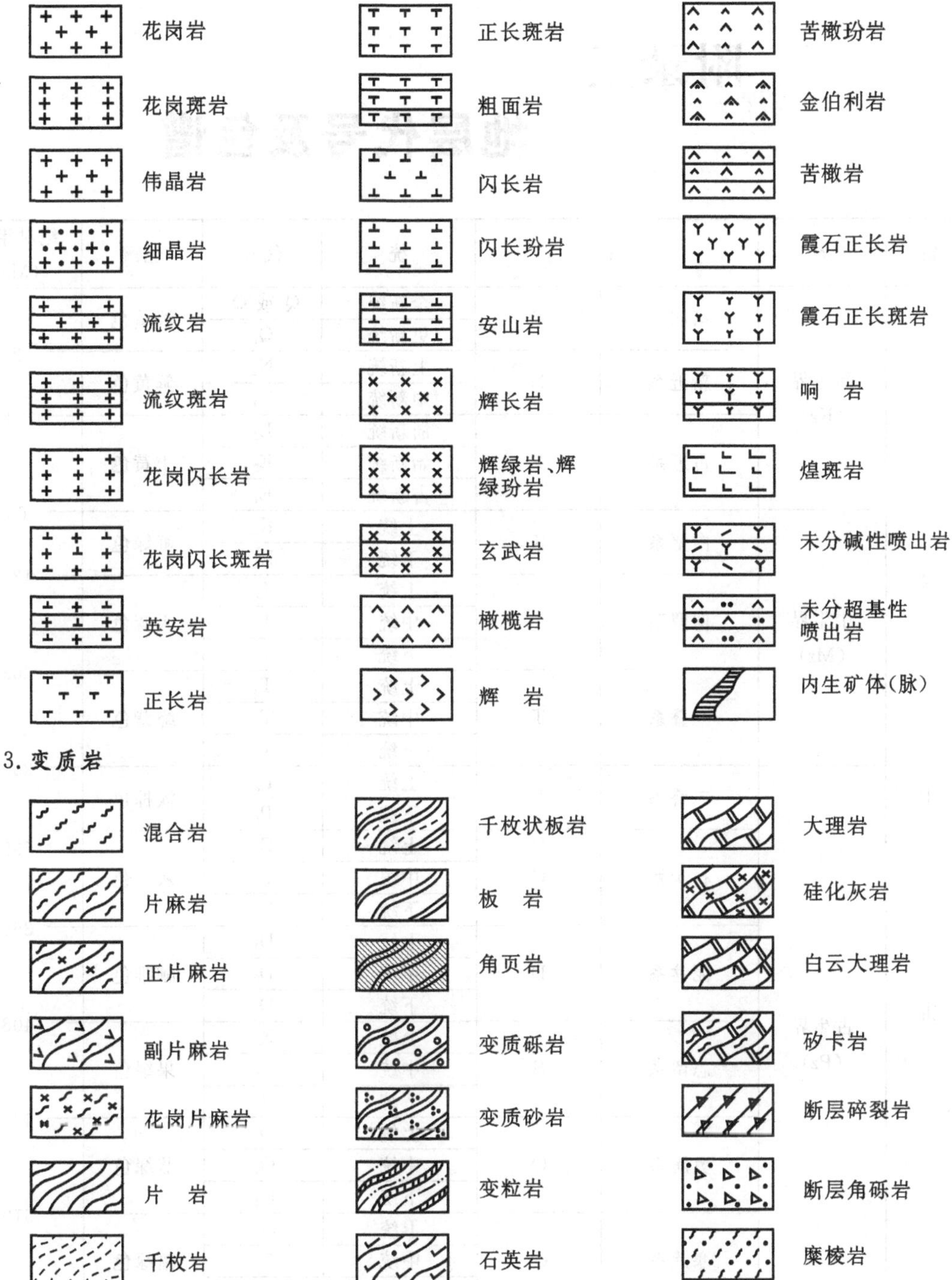
花岗岩
正长斑岩
苦橄玢岩
花岗斑岩
粗面岩
金伯利岩
伟晶岩
闪长岩
苦橄岩
细晶岩
闪长玢岩
霞石正长岩
流纹岩
安山岩
霞石正长斑岩
流纹斑岩
辉长岩
响 岩
花岗闪长岩
辉绿岩、辉绿玢岩
煌斑岩
花岗闪长斑岩
玄武岩
未分碱性喷出岩
英安岩
橄榄岩
未分超基性喷出岩
正长岩
辉 岩
内生矿体(脉)
3. 变质岩
混合岩
千枚状板岩
大理岩
片麻岩
板 岩
硅化灰岩
正片麻岩
角页岩
白云大理岩
副片麻岩
变质砾岩
矽卡岩
花岗片麻岩
变质砂岩
断层碎裂岩
片 岩
变粒岩
断层角砾岩
千枚岩
石英岩
糜棱岩

附录三

地层代号及色谱

宙	界	系		统	代号	色谱	绝对年龄（Ma）
显生宙	新生界（Kz）	第四系	Q	全新统	Q_4或Q_h	淡黄色	
				更新统	Q_p		2
		新近系	N	上新统	N_2	鲜黄色	
				中新统	N_1		23
		古近系	E	渐新统	E_3	土黄色	
				始新统	E_2		
				古新统	E_1		65
	中生界（Mz）	白垩系	K	上统	K_2	鲜绿色	
				下统	K_1		135
		侏罗系	J	上统	J_3	天蓝色	
				中统	J_2		
				下统	J_1		203
		三叠系	T	上统	T_3	绛紫色	
				中统	T_2		
				下统	T_1		250
	古生界（Pz）	二叠系	P	上统	P_2	淡棕色	
				下统	P_1		295
		石炭系	C	上统	C_3	灰　色	
				中统	C_2		
				下统	C_1		355
		泥盆系	D	上统	D_3	咖啡色	
				中统	D_2		
				下统	D_1		408
		志留系	S	上统	S_3	果绿色	
				中统	S_2		
				下统	S_1		435
		奥陶系	O	上统	O_3	蓝绿色	
				中统	O_2		
				下统	O_1		510
		寒武系	∈	上统	$∈_3$	暗绿色	
				中统	$∈_2$		
				下统	$∈_1$		570
元古宙（Pt）		Pt_3 晨旦系	z			绛棕色	1000
		Pt_2				棕红色	
		Pt_1					2500
太古宙（Ar）						玫瑰红色	

附录四

常用浓酸碱的密度和浓度(近似值)

名称	密度 ρ(20℃) ($g \cdot cm^{-3}$)	质量分数 ω(%)	浓度 C_B ($mol \cdot L^{-1}$)	配 1L 1mol·L^{-1}溶液所需体积(mL)
盐酸 HCl	1.18	36	11.64	86
硝酸 HNO_3	1.41	70	15.70	64
硫酸 H_2SO_4	1.84	97	18.16	55
磷酸 H_3PO_4	1.69	85	14.65	68
乙酸 HOAc	1.05	99.5	17.40	58
氨水 $NH_3 \cdot H_2O$	0.90	28	14.76	68

说明:物质 B 的浓度 C_B=(1000×比重×质量分数)/摩尔质量,式中,1000 表示毫升换算成升的换算因子。

附录五 标准酸碱溶液的配制和标定方法

1. 氢氧化钠标准溶液的配制和标定

(1)氢氧化钠标准溶液的配制，见附录表 5－1。

附录表 5－1　量取氢氧化钠饱和溶液的体积

氢氧化钠标准溶液浓度($mol \cdot L^{-1}$)	1L 溶液所需氢氧化钠质量(g)	所需饱和氢氧化钠溶液体积(mL)
0.05	2.0	2.7
0.1	4.0	5.4
0.2	8.0	10.9
0.5	20.0	27.2
1.0	40.0	54.5

①饱和氢氧化钠溶液：称取 162g 氢氧化钠，溶于 150mL 无二氧化碳水中，冷却至室温，过滤，注入聚乙烯容器中，密闭放置至上层溶液清亮(放置时间约 1 周)；

②各浓度氢氧化钠标准溶液的配制：按附录表 5－1 所示量取(或用塑料管虹吸)饱和氢氧化钠上层清液，用无二氧化碳水稀释至 1000mL，混匀。贮存在带有碱石灰干燥管的密闭聚乙烯瓶中，防止吸入空气中的二氧化碳。

(2)标定。称取已于 105℃～110℃烘至质量恒定的邻苯二甲酸氢钾，精确至 0.0001g，溶于 100mL 无二氧化碳的水中，加入 2～3 滴酚酞指示液($10g \cdot L^{-1}$)，用氢氧化钠溶液滴至溶液呈粉红色为终点(见附录表 5－2)。

附录表 5－2　标定所需邻苯二甲酸氢钾质量

氢氧化钠标准溶液浓度($mol \cdot L^{-1}$)	0.05	0.1	0.2	0.5	1.0
邻苯二甲酸氢钾质量(g)	0.47±0.005	0.95±0.05	1.9±0.05	4.75±0.05	9.00±0.05

(3)计算。计算公式如下：

$$C(NaOH)=m/(0.2042\times V)$$

式中：$C(NaOH)$——氢氧化钠标准溶液的物质的量浓度($mol \cdot L^{-1}$)；

m——称取邻苯二甲酸氢钾的质量(g)；

V——滴定用去氢氧化钠溶液体积(mL)；

0.2042——与 1.00mL 氢氧化钠标准溶液 $C(NaOH)=1.000\ mol \cdot L^{-1}$ 相当的以克表示

的邻苯二甲酸氢钾的质量。

(4)稳定性。氢氧化钠标准溶液推荐使用聚乙烯容器贮存,若使用玻璃容器,当怀疑溶液与玻璃容器发生反应或溶液出现不溶物时,必须时常标定溶液。

2. 盐酸标准溶液的配制和标定

(1)盐酸标准溶液的配制。各浓度盐酸标准溶液的配制,按附录表5-3所示,量取盐酸转移至1000mL容量瓶中,用水稀释至刻度,混匀,贮存于密闭玻璃瓶内。

附录表5-3 量取盐酸体积

盐酸标准溶液浓度 ($mol \cdot L^{-1}$)	0.05	0.1	0.2	0.5	1.0
配制1L盐酸溶液所需盐酸体积(mL)	4.2	8.3	16.6	41.5	83.0

(2)标定。准确称取已于270℃~300℃灼烧至质量恒定的基准无水碳酸钠,精确至0.0001g,加50mL水溶解,再加2滴甲基红指示液,用配制好的盐酸溶液滴至红色刚出现,小心煮沸溶液至红色褪去,冷却至室温,继续滴定、煮沸、冷却,直至刚出现的微红色再加热时不褪色为止(见附录表5-4)。

附录表5-4 标定所需无水碳酸钠质量

盐酸标准溶液浓度 ($mol \cdot L^{-1}$)	0.05	0.1	0.2	0.5	1.0
无水碳酸钠质量 (g)	0.11±0.001	0.22±0.01	0.44±0.01	1.10±0.01	2.20±0.01

(3)计算。计算公式如下:

$$C(HCl)=m/(0.0599\times V)$$

式中:$C(HCl)$——盐酸标准溶液的物质的量浓度($mol \cdot L^{-1}$);

m——称取无水碳酸钠的质量(g);

V——滴定用去盐酸溶液实际体积(mL);

0.05299——与1.00mL盐酸标准溶液 $C(HCl)=1.000\ mol \cdot L^{-1}$ 相当的以克表示的无水碳酸钠的质量。

(4)稳定性。盐酸标准溶液每月须重新标定一次。

3. 硫酸标准溶液的配制和标定

(1)硫酸标准溶液的配制。各浓度硫酸标准溶液的配制,按附录表5-5所示,量取硫酸慢慢注入400mL水中,混匀。冷却后转移至1000mL量瓶中,用水稀释至刻度,混匀,贮存于密闭的玻璃容器内。

附录表5-5 量取硫酸体积

硫酸标准溶液浓度 ($mol \cdot L^{-1}$)	0.05	0.1	0.2	0.5	1.0
配制1L硫酸溶液所需硫酸体积(mL)	1.5	3.0	6.0	15.0	30.0

(2)标定。按附录表5-6所示,准确称取已于270℃~300℃灼烧至质量恒定的基准无水

碳酸钠，精确至0.0001g，加50mL水溶解，再加2滴甲基红指示液，用配制好的硫酸溶液滴至红色刚出现，小心煮沸溶液至红色褪去，冷却至室温，继续滴定、煮沸、冷却，直至刚出现的微红色再加热时不褪色为止。

附录表5-6 标定所需无水碳酸钠质量

硫酸标准溶液浓度 (mol·L^{-1})	0.05	0.1	0.2	0.5	1.0
无水碳酸钠质量 (g)	0.11±0.001	0.22±0.01	0.44±0.01	1.10±0.01	2.20±0.01

(3)计算。计算公式如下：

$$C(H_2SO_4)=m/(0.10599\times V)$$

式中：$C(H_2SO_4)$——硫酸标准溶液的物质的量浓度(mol·L^{-1})；

m——称取无水碳酸钠的质量(g)；

V——滴定用去硫酸溶液实际体积(mL)；

0.10599——与1.00mL硫酸标准溶液$C(H_2SO_4)=1.000$ mol·L^{-1}相当的以克表示的无水碳酸钠的质量。

(4)稳定性。硫酸标准溶液每月须重新标定一次。

附录六 筛孔和筛号对照

筛号	筛孔直径(mm)	网目(in)	筛号	筛孔直径(mm)	网目(in)	筛号	筛孔直径(mm)	网目(in)
2.5	8.00	2.6	35	0.50	32.3	120	0.125	120
5	4.00	5.0	40	0.42	37.9	140	0.105	143
10	2.00	9.2	50	0.30	52.4	200	0.074	200
18	1.00	17.2	60	0.25	61.7	270	0.053	270
20	0.84	20.2	70	0.21	72.5	300	0.050	300
25	0.71	23.6	80	0.177	85.5	325	0.044	323
30	0.59	27.5	100	0.149	101			

注:(1)筛孔直径以方孔计算;

(2)筛号是每英寸(25.40mm)长度内的筛孔(网目)数。如60号筛每英寸长度内有61.7孔(目),筛孔直径0.25mm;

(3)筛孔直径与筛号可按下式粗略换算:

筛孔直径(mm)=16/筛号

式中,16为每英寸(25.4mm)内筛孔所占毫米(mm)约数(筛线约占9.4mm);当筛号>50,16可更换为15,筛号<40,16换为17。

参考文献

[1]杨士弘.自然地理学实验与实习[M].北京:科学出版社,2002.
[2]蔡熊飞.普通地质学矿物—岩石实习图册[M].北京:中国地质大学出版社,2013.
[3]王数,东野光亮.地质学与地貌学实验实习指导[M].北京:中国农业出版社,2007.
[4]孙彦坤.农业气象学实验指导[M].北京:气象出版社,2014.
[5]刘鹏.气象学与气候学实验实习[M].成都:西南交通大学出版社,2007.
[6]易珍莲.水文学原理与水文测验实验实习指导书[M].北京:中国地质大学出版社,2011.
[7]胡慧蓉.土壤学实验指导教程[M].北京:中国林业出版社,2012.
[8]林大仪.土壤学实验指导[M].北京:中国林业出版社,2004.
[9]姚家玲.植物学实验[M].北京:高等教育出版社,2009.
[10]马丹炜.植物地理学实验与实习教程[M].北京:科学出版社,2009.
[11]叶创兴.植物学实验指导[M].北京:清华大学出版社,2012.
[12]奚旦立,孙裕生.环境监测[M].北京:高等教育出版社,2010.